울면서 떠난 세계여행, 2년의 방황 끝에 꿈을 찾다

학교 넘어 도망친 21살 대학생

학교 넘어 도망친 21살 대학생

초판1쇄 2023년 11월 30일 **초판2쇄** 2023년 12월 29일 **지은이** 홍시은 **펴낸이** 한효정 **편집교정** 김정민 **기획** 박자연, 강문희 **디자인** purple **표지일러스트** freepik **마케팅** 안수경 **펴낸곳** 도서출판 푸른향기 **출판등록** 2004년 9월 16일 제 320-2004-54호 **주소** 서울 영등포구 선유로 43가길 24 104-1002 (07210) **이메일** prunbook@naver.com **전화번호** 02-2671-5663 **팩스** 02-2671-5662 **홈페이지** prunbook.com | facebook.com/prunbook | instagram.com/prunbook

ISBN 978-89-6782-200-2 03980

*책값은 뒤표지에 있습니다.

이 도서의 국립중앙도서관 출판예정도서목록(CIP)은 서지정보유통지원시스템 홈페이지(http://seoji.nl.go.kr)와 국가자료공동목록시스템(http://www.nl.go.kr/kolisnet)에서 이용하실 수 있습니다.

울면서 떠난 세계여행, 2년의 방황 끝에 꿈을 찾다

학교 넘어 도망친 21살 대학생

홍시은 지음

프롤로그

뱀을 잡아먹는 다람쥐도 있다

"교수님, 죄송하지만 그 말씀은 틀렸습니다."

고요한 강의실에 한 학생의 목소리가 울려 퍼졌다. 백발의 교수님 뒤로는 거대한 피라미드가 서 있었다. PPT에 그려진 피라미드는 자연의 먹이사슬을 표현했다. 호랑이 아래는 염소가 있었고, 염소 아래는 풀이 있었다. 문제의 다람쥐는 뱀 아래에 그려져 있었다. 그가 이어서 말했다.

"다람쥐는 뱀의 피식자가 아닙니다. 야생의 다람쥐는 가끔 뱀을 잡아먹기도 하죠. 난폭한 다람쥐가 뱀의 가죽을 뜯어 먹는 장면을 제 눈으로 봤습니다."

특이한 학생이었다. 둥그런 안경에 산악회 아저씨들이나 즐겨 입을 법한 바람막이를 걸친 그는 자신을 탐조가라고 소개했다. 새를 관찰하기 위해 평소 산에 오르던 그는 실제로 다람쥐와 뱀의 싸움을 목격한 적이 있었다고 말했다. 그의 용맹한 눈빛 덕분에 교수님의 표정은 한껏 일그러졌다.

그를 다시 만난 건 어느 술집에서였다. 동그란 안경을 코끝에 걸친 그가 술상 위에 커다란 카메라를 올렸다. 수십 장의 사진 가운데는 주둥이가 기다란 새부터 날개가 초록색인 새까지 있었다. 그런데 새들 사이로 조그만 다람쥐가 보였다.

"기억나? 네가 교수님을 엄청 귀찮게 했던 날."

나는 때마침 떠오른 그날의 기억을 말했다.

"그 다람쥐랑 뱀 이야기 말이야, 너무 일반적이지 않은 주장 아니야? 네가 목격한 건 자연을 거스르는, 그러니까 아주 특이한 케이스에 속한다 이 말이지. 교수님의 말씀은 틀리지 않았어. 네가 주제를 넘었던 거야."

나의 무례한 주장에도 그는 흐트러지지 않은 표정을 했다.

"그래 맞아. 교수님과 그 피라미드를 맹신하는 사람들에게 그 말은 틀리지 않았어."

"그럼 누구한테는 그 피라미드가 틀릴 수도 있다는 거야?"

"적어도 난폭했던 다람쥐와 잡아먹히던 뱀, 그리고 나에게 교수님의 말씀은 틀렸어."

한참의 침묵 끝에 그가 다시 입을 열었다.

"그거 알아? 세상은 절대 하나의 모양으로 존재하지 않는다는 거. 우리는 학교 밖의 세상에서 어떤 일이 일어나고 있는지 알지 못해.

그리고 그 멍청한 피라미드 모양이 세상이라고 착각하지. 하지만 세상은 각자의 모양대로 존재해. 그러니까, 인간의 수만큼 분리된 다양한 세상이 존재하는 거야. 자신의 세계를 만드는 건 그 피라미드가 아니야. 자기 자신이지."

어떤 말은 바람처럼 우리를 스쳐 지나간다. 반면 어떠한 말은 날카로운 가시를 숨긴 채 가벼운 바람인 척 우리에게 다가온다. 그리고는 가슴 깊숙이 흔적을 남긴다. 그곳은 깊고 어두운 무의식의 영역이기에, 우리의 의식은 언젠가 그 말을 잊어버렸다고 착각한다. 하지만 어느 날, 평범한 바람이 부는 그런 날에 슬며시 의식 위로 고개를 든다. 그리고 우리를 새로운 세상으로 이끈다.

그날 이후로 일 년이 지났고, 그는 학교를 떠났다. 하지만 나는 여전히 강의실 맨 뒷좌석에 앉아 졸음을 참았다. 시간이 지났지만 삶은 여전했다. 다만 날이 갈수록 하루하루가 지겨웠다. 나에게는 인생의 목적도 없었고 그 흔한 꿈도 없었다. 강의실 맨 뒷자리에서 흐리멍덩한 눈을 한 채로 시간을 흘려보낼 뿐이었다.

그날도 여느 때와 같이 아침 일찍 일어나 지하철에 몸을 실었다. 나는 꾸벅꾸벅 졸다가는 지나친 역을 확인하기 위해 고개를 들었다. 그때 나와 같은 학생들이 보였다. 누군가는 A4용지에 빼곡히 적힌 글자들을 외우고 있었다. 그 옆으로는 고개를 바닥까지 떨구고 잠을 자는 사람이 보였다. 지하철 한 칸에 가득한 사람들이 마치 캐리어에 쑤셔 넣은 옷가지마냥 너덜너덜했다.

그날따라 지하철에는 새파란 것들이 가득했다. 옆자리 남성의 눈 밑으로 번진 다크서클도 시퍼렜고, 종이를 외우던 그 학생의 눈알도 온통 시퍼랬다. 너덜너덜한 사람들과 창가에 비친 나의 얼굴도 마찬가지였다. 모두 새파랗게 질려버릴 때까지 숨을 참고 있는 사람 같았다.

그날 시험장으로 향한 나는 백지를 내고 학교를 도망쳐 나왔다. 가슴 깊숙이 홈을 파고 살아가던 다람쥐가 그제야 고개를 든 것이다. 다람쥐는 그날부로 내 삶에 훼방을 놓기 시작했다.

학교를 떠나온 나는 아주 오랫동안 그 난폭한 다람쥐를 생각했다. 세상이 각자의 모습대로 존재한다던 친구의 말이 사실이라면, 그들의 세상은 어떤 모습을 하고 있을지 궁금했다. 그렇다면 가장 먼저 해야 하는 일은 그 피라미드를 부수는 것이었다. 내 안에 존재하던 세모난 세상을 무너뜨리기로 결심했을 때, 나는 배낭을 쌌다. 가능한 한 멀리 떠나 오랫동안 돌아오지 않기로 했다.

나는 그렇게 2년간 지구의 반 바퀴를 돌았다. 중동, 아프리카, 유럽, 아시아를 여행했으며, 셀 수 없이 다양한 삶을 목격했다. 그들의 삶에 녹아들며 나의 단단했던 세상을 허물어갔다.

학교를 도망쳐 나온 내가 아프리카 시골 마을에 학교를 지었다. 바다를 두려워하던 내가 중동의 어느 마을에서는 다이버가 되었다. 꿈이라는 추상적인 단어를 질색하던 내가 인도의 사막 마을에서는 '꿈'을 이야기했다. 네팔의 히말라야에 올라서야 내 안에 존재하던 빛나는 눈동자를 마주했다.

그리고 나서야 알았다. 세상은 각자의 모습대로 존재한다던 그의 말이 사실이었음을. 우리는 자신 안에서 아른거리는 무언가를 좇아갈 때 비로소 빛나는 두 눈을 가질 수 있다.

나의 여정이 바람처럼 당신에게 다가가길 바란다. 그리고 마음 깊숙한 곳에 날카로운 흔적을 남겼으면 좋겠다. 당신이 이 책과 나의 존재를 잊어버렸을 그 어느 시점에, 당신의 삶에 그 흔적들이 문득 떠오르길. 이 책이 미래의 당신을 지구 어딘가로 이끌고 있길 바라며.

목 차

Chapter 02 책상 밖, 펼쳐진 색깔들 : 우간다

Chapter 03 책상 밖, 펼쳐진 색깔들 : 이집트

Chapter 04 나만의 색깔을 찾다 : 인도

Chapter 05 그림을 그리다 : 네팔

내가 할 수 없는 건 난 하나뿐이었다.

남들처럼 내면에 숨겨진 목표를 끄집어내서 확실히 내놓는 일.

남들은 자신이 교수나 판사, 의사나 예술가가 되고 싶다고 명백히 말했고

그러려면 시간이 얼마나 필요하며 어떤 현실적인 장점이 있는지도 잘 알았다.

나는 몰랐다. 언젠가는 나도 뭔가가 되겠지만, 내가 지금 그걸 어떻게 알 수 있다는 말인지.

나는 내 속에서 스스로 솟아나는 것, 바로 그것을 살아보려 했다.

그것이 왜 그토록 어려웠을까?

– 헤르만 헤세 『데미안』(미르북컴퍼니)

Chapter 01

책상 위 텅 빈 팔레트

01
제가 바로 코로나 학번 대학생입니다

‘여행자’라는 신분에 지나칠 정도로 많은 애정을 가졌다. 학생도 직장인도, 특정한 직업군도 아닌 그냥 여행자. 여행자라는 신분 하나면 그 모든 나태함과 방황, 어설픈 결과들이 용서되는 듯한 착각에 빠졌다. 그래서 나는 자꾸 어딘가로 떠나길 원했다. 이 정처 없는 여정이 삶의 끝에 다다를 때까지, 영영 멈추지 않기를 바랐다.

바다의 끝을 향해 달리고 있었다. 해가 질 무렵이었다. 홍해 바다의 잔물결은 진한 노을을 머금었다. 그 뒤로 펼쳐진 사우디아라비아 반도는 분홍빛으로 일렁였다. 이 찬란한 빛깔 속을 헤쳐가는 조막만한 그림자, 그게 바로 나였다. 태양이 수평선 아래로 저물자 하늘은 빛을 잃어갔다. 완벽한 타이밍이었다. 이제야 그것을 꺼낼 시간이 되었다. 나는 슬그머니 주머니에 손을 넣었다. 담뱃갑의 반듯한 모서

리에 손끝이 닿자 온몸이 움찔거렸다. 심장이 쿵쾅거리고 있었다.

나는 마치 담벼락 아래서 비행을 저지르는 중학생처럼 은밀하게 굴었다. 침을 꼴깍 삼키고는 담배 한 개비를 꺼내어 콧등에 슬며시 비벼보았다. 묵직하고도 달달한 과일 맛 향이 났다. 나는 조금 건방진 자세로 바다를 향해 고쳐 앉았다. 파도의 끝자락이 발끝을 짭짤하게 적셨다. 고개를 빳빳이 든 나는 두어 번 심호흡을 했다. 드디어, 그것에 불을 붙였다. 시커먼 연기가 텁텁하게 목구녕을 쑤셔왔다.

'이상하다! 분명 다른 사람들이 피우는 걸 봤을 때는 쫄깃하고 맛깔나게만 보였는데….'

태어나 처음으로 담배를 태워보는 내 얼굴에는 오만상이 가득했다. 바초처럼 담배 연기를 뿜어내는 멋진 여행사의 포스를 상상했건만, 예상과 달리 나는 영 어설펐다. 쏟아져나오는 기침을 꾸역꾸역 참아내던 나는 결국 헛구역질을 했다. 입천장에 스며드는 텁텁함이 정말이지 속을 엉망으로 만들었다. 눈앞의 세상이 빙그르르 돌고 있었다. 그 특유의 구린내가 목구멍을 통해 뇌까지 전달된 게 아닌가 싶었다. 달달한 과일 향에 배신을 당했다.

하지만 나는 모처럼 저지르는 비행을 쉽게 포기할 수 없었다. 한 모금, 두 모금, 그 콤콤한 맛에 오감을 다하다 보니, 문득 스스로가 우스웠다. 이런 담배 같은 건 히피들이나 레게머리를 한 여행자들에게나 어울릴 법했다. 나같이 작고 만만해 보이는 사람에게 담배는 영 쓸모가 없다. '그래 모든 여행자가 꼭 담배를 피우는 건 아니잖아.' 나는 혼자 생각했다.

많은 여행자가 여행 내내 담배를 입에 물고 산다. 흡연구역이 딱히 정해지지 않은 여행지에서 '담배'는 말 그대로 최상의 기호식품이다. 나는 혹시라도 그 털털한 여행객들의 오라에 합류할 수 있을까 기대했던 것이었다. 여행을 떠나온 지는 벌써 반년째지만, 나는 여전히 '여행자'라는 타이틀에 지나칠 정도의 애정을 가지고 있었다. 이 유치한 심보를 설명하자면, 일 년 전 이야기로 거슬러 올라가야 한다. '코로나'라는 단어에 모두가 몸을 벌벌 떨던 그 시기였다. 나는 그때 배낭을 싸고 세계를 여행하기로 했다. 코로나 시기에도 서류 몇 장만 갖춘다면 충분히 해외를 들락거릴 수 있었다. 다만 입국

절차가 조금 복잡했을 뿐이다. 아무튼, 나는 반년 전 약 30장의 백신 접종 증명서를 뽑아 한국을 떠나왔다. 그 지긋지긋하던 학교를 도망쳐 나온 것이다.

코로나가 전 세계로 확산한 이후 모든 것이 달라졌다. 각 나라의 국경은 서로를 감시했고, 하늘길은 막혀버렸다. 인간과 인간 사이에도 국경이 섰다. 그래서 내가 떠나온 학교 정문에는 커다란 펜스가 들어섰다. 그 위로는 '출입금지'라는 테이프가 치렁치렁하게 감겨있었는데, 마치 좀비 영화를 보는 것 같았다. 텅텅 빈 학교 앞 술집에는 파리가 날렸다. 네 명 이상 모이는 것이 불가능했기에 우리는 자취방에 숨어서 술을 마셨다. 치킨 배달부가 문을 두드리면 네 명을 제외한 모두가 화장실에 달려가 숨었다. 혹여나 신고를 당하면 귀찮아질 게 뻔했기 때문이다.

안줏거리는 언제나 등록금 문제였다. 우리는 등록금을 환불받을 수 있을지 아닐지를 두고 열띠게 토론을 벌였다. 코로나 이후 모든 강의가 영상으로 대체된 것에 대해 대부분 불만을 품었다. 물론 나도 등록금을 아까워하는 학생 중 한 명이었다. 하지만 이유는 다른 학생들과 조금 달랐다. 모든 강의가 온라인으로 대체된 이후, 나는 전공 책을 들여다본 적이 없다. 언제나 교수님의 실시간 강의를 노트북에 켜놓고는 책상 아래로 딴짓을 했다. 가끔은 대놓고 잠을 자기도 했다.

코로나가 발발하기 직전, 그러니까 대학교 1학년 시절. 강의실에 앉아있던 신입생들은 세 부류로 분류되었다. 첫 번째는 맨 앞자리에 앉아 교수님의 말씀에 눈을 반짝이는 학생들이었다. 자칫하면 재수 없어 보이던 그들은 오래전부터 공학도의 길을 꿈꿔왔다. 그런 부류의 학생들은 마침내 맞이한 공학의 세계에서 행복에 겨워했다. 두 번째는 가운데 자리에 앉은 학생들이었다. 눈빛은 탁하지만, 귀는 분명하게 열려있는 친구들이다. 그들은 어쩌다 관심이 없는 학과에 진학했지만, 새로운 경쟁을 이어나갈 준비가 되어있었다. 대학을 통해 사회적 지위를 얻는 것이야말로 그 친구들의 꿈이기 때문이다.

마지막은 바로 나다. 맨 뒷줄에 앉아 요란하게 다리를 떨어대는 학생. 눈알도 시퍼렇고 귀는 닫혀있는 나 같은 학생들의 서사는 비슷하다. 장래희망은 없지만 시키는 공부는 열심히 해온 케이스이다. 그렇게 살아온 이유는 분명하다. 선생님은 우리에게 대학을 강요했으며, 은근슬쩍 대학의 서열로 인생을 나열했다. 그것이 전부다. 그들의 말을 신뢰했던 나는 언젠가부터 삶을 사는 방법을 단 하나로 단정 지었다. 공부를 열심히 해서 높은 대학에 입학하는 것을 성공한 인생이라 정의했다. 그리고 맞이한 현실이 바로 초라한 지금이다.

사회는 우리에게 방황의 시간을 허락하지 않았다. 학교는 학생들에게 꿈을 고민해 볼 기회도, 취미를 가져볼 시간도 주지 않았다. 효율을 추구하는 세상에 그런 낭만적인 단어는 쓸모가 없다. 하지만 우리에게는 반드시 겪어야만 하는 방황의 시간이 있다. 그건 마치 어린아이들에게 찾아오는 사춘기와 같아서, 피하고 싶어도 피할 수 없다. 애벌레가 나비가 되기 위해서 고치에 들어가듯이, 우리는 진정한 내가 되기 위해 방황 속으로 들어가야 한다. 하지만 번데기는 속이 급한 사람들에게는 아무짝에도 쓸모가 없어 보인다. 사회가 중요시하는 것은 보잘것없는 번데기가 아닌, 대학의 네임밸류, 그리고 연봉이다.

결국, 번데기가 되지 못한 애벌레들은 스스로의 몸에서 뿜어져 나오는 실을 뜯어내고 또 뜯어낸다. 그리고 자신이 이미 나비가 되었다고 착각한다. 하지만 그 착각은 오래가지 못한다. 방황을 온전히 품지 못한 이들의 삶에는 언젠가 커다란 무언가 펑 하고 나타난다. 무기력, 무의미, 삶의 허무. 그것들은 이제까지 외면해온 방황의 결과물이다. 그 우울감 속에서 스스로가 쓸모없는 존재였음을 깨달은 이들은 마치 나 같은 학생이 된다.

코로나를 기점으로 학교는 해체되었다. 그럼에도 날개를 펼친 학생들은 자신만의 길을 향해 잘도 날아갔다. 그들은 늙은 교수님의 허접한 강의 영상에도 귀를 기울였다. 화상 강의에서는 직접 마이크를 켜 교수님에게 날카로운 질문을 던지기도 했다. 모두가 꾸역꾸역 자신이 속한 범주를 지켜내고 있었다.

반대로 나는 몸뚱이에서 터져 나오는 실을 뜯어내는 데에 정신이 없었다. 게다가 모든 강의가 비대면으로 전환된 이후 얄팍했던 의지마저 박살이 났다. 나는 어떠한 열정도 느끼지 못했다. 강의를 듣는 것도, 책을 펴는 것도, 심지어 의미 없이 숨을 쉬고 있는 것조차 귀찮았다. 하지만 학업을 쉽게 멈출 수 없었던 이유는 바로 두려움이었다. 쓸모없는 존재가 되고 싶지 않은 두려움, 사회에서 버려지고 싶지 않은 두려움, 뒤처지고 싶지 않은 두려움이 나를 엄습했다. 결국, 용기를 내어 학교를 도망쳐 나오는 데는 오랜 시간이 걸렸다.

그래서 나는 여행을 떠나오고도 아주 오랫동안 '여행자'라는 단어에 집착했다.

'여행자'라는 역할 속에서 내 방황은 온전히 이해되었다. 꿈이 없어도 괜찮았다. 온종일 무기력해도, 스스로를 쓸모없는 존재라 느껴도 상관없었다. 나는 여행하는 내내 스스로를 충분히 경멸했다. 길을 찾을 때까지 자주 헤맸다. 그 모든 것은 언제나 '여행자'라는 단어 아래서 당연한 것이 되었다. 방황하고 아파하고 그러다 다시 일어나는 것. 그거야말로 여행자들에게 주어진 과제였다.

여행이야말로 '방황'의 시간을 온전히 견뎌내는 고치이기 때문이다.

담배의 독한 연기는 끝내 속을 아프게 했다. 해가 져버린 어둑한 바다 앞에서 나는 연거푸 뜨거운 기침을 쏟아냈다. 그래, 나에게 필요했던 건 담배도 아니고 다른 무엇도 아니다. '여행자'라는 신분 그거 하나뿐이었다. 모두가 효율과 이익을 향해 달려가는 가운데, 홀로 배낭을 메고 세상을 서성이는 나 같은 사람. 쓸모없는 낭만과 방황 속에서 헤매는 멍청한 사람. 이런 나를 이해해줄 단어는 '여행자' 그것 하나뿐이었다.

02
선생님이 골라준 나의 장래희망

화성에 홀로 던져지면 이런 기분일까? 사람들로 바글대던 관광지가 코로나로 인해 한적해졌다. 덕분에 드넓은 괴레메가 전부 내 차지였다. 나는 높이 솟아오른 기암괴석들 사이를 거닐면서 암석들을 쓰다듬었다. 응회암이 바스락거리며 손끝에 묻어났다. 스치는 바람에도 부서질 것만 같은 암석의 특성 때문에 이곳에는 숨어있는 동굴교회들이 많다. 그리스도교 박해 때 도망쳐온 신자들이 응회암에 동굴을 파 몸을 숨긴 것이다. 개미집처럼 뭉쳐있는 굴들이 모두 그들의 흔적이다.

카파도키아에 있는 동굴들을 하나부터 열까지 찾아내기에는 끝이 없다. 그래서 몇몇 유적들은 그대로 방치되어 있었다. 덕분에 나는 탐험가가 된 기분을 즐겨볼 수가 있었다. 정처 없이 발을 내딛어도 도착하는 모든 곳이 유적지였다. 아무도 없는 유적지에서 여유를 부

리며 휘파람을 부는 기분은 짜릿했다. 하지만 깊숙이 위치해서 햇빛조차 닿지 않는 동굴을 발견할 때면 오싹하기도 했다.

그곳은 마치 오래전에 이삿짐이 빠져나간 집 같아 보였다. 개미 떼가 떠나가고 한참 뒤에야 땅속에서 발견된 바싹 마른 구조물 같기도 했다. 이 좁은 곳에서 숨을 죽이며 살아가다 생을 마감했을 이들을 떠올렸다. 허한 공간의 차가운 기운이 느껴졌다. 하지만 그것도 잠시, 나는 다시 벽에 새겨진 붉은 문양을 따라 새로운 동굴을 찾아 나섰다.

정처 없이 떠돌다 보니 자꾸만 길을 잃기도 했다. 하지만 문제가 될 건 없었다. 광활한 지대를 헤매다가 출발점으로 돌아오는 짓을 반복해도 하루는 여전히 길었다. 수차례 넘어졌다 다시 일어나도, 해진 무릎을 털어내기를 반복해도 태양은 남쪽에 떠 있었다. 지겹도록 긴 하루였다. 하루가 온전히 내 것이었던 적은 여행을 시작하고 나서가 처음이다.

나에게 주어진 스물네 시간이 낯설게만 느껴졌다. 주어진 일 없이 텅 비어있는 시간을 어떻게 살아내야 할지 막막했다. 그래서 나는 온종일 걷기만 했다. 밥을 먹고 잠을 자고 똥을 싸고도 하염없이 남아나는 그 시간을 견디기 위해 나는 언제나 걸었다.

한참을 헤매다 보니 거대한 절벽을 마주했다. 석양에 비쳐 불그스름하게 빛나는 절벽은 말로만 듣던 '로즈밸리'였다. 그 밑으로는 개미 떼 같은 ATV들이 득실대고 있었다. 그들은 투어를 따라온 관광객들이었다. 모두가 절경 아래서 급하게 브레이크를 밟고는 카메라에 석양을 담아내고 있었다. 하지만 석양이 채 지지도 않았는데 가이드는 사람들을 재촉했다. 다들 빠듯한 여행 일정을 소화해내고 있는 것 같았다. 가이드는 앞장을 서서 있는 힘껏 액셀을 밟았다. 황급히 줄을 지어 그의 꽁무니를 쫓아가는 ATV들 사이로 모래바람이 일었다. 그 뒤에 서 있던 나는 온통 먼지투성이가 되었다.

콜록, 콜록. 기침을 뱉으며 먼지들을 털어낼 때였다. 모래바람에 뿌예진 선글라스 사이로 두 남자의 실루엣이 보였다. 두 대의 ATV가 내 앞에 서 있던 것이다. 튀르키예 남자 두 명이었다. 그들은 광활한 지대에서 차 한 대 없이 멀뚱히 걸어 다니는 나를 의아하게 생각했다.

“어디로 가는 길이야? 여기서 혼자 걸어 다니는 건 위험해.”

수염이 덥수룩한 또래 남자가 물었다.

“괜찮아, 휴대폰도 있는 세상에 위험할 게 어딨어.”

“어디로 가고 있는 건데? 우리가 태워줄게.”

“딱히 갈 데는 없어. 그냥 발이 닿는 데까지 걷는 거야.”

단호한 거절에 나를 쌩하고 스쳐 가는 그들의 뒷모습을 바라보았다. 그들은 이내 ATV 무리에 합류해 어디론가 향했다. 멀어져가는 무리의 정교한 움직임을 바라보고 있자니 개미 떼가 떠올랐다. 카파도키아의 촘촘한 구멍들이 모두 그들이 남긴 흔적은 아닐까.

개미들에게는 하루의 목적이 있다. 여왕개미의 지시를 따라 집을 짓고 과자부스러기를 나르는 것이다. 나는 가끔 공원에 쭈그려 앉아서 개미 떼를 관찰하고는 했다. 마음에 드는 한 놈만 콕 짚어서 집요하게 바라보았다. 개미는 해가 질 무렵까지 정신없이 땅굴 속을 오갔다. 그는 마치 자신이 집을 짓기 위해 태어난 존재인 것처럼 행동했다. 그러고 보면 개미는 인생을 짧게만 살다 가는 사람 같았다.

나도 한때는 무리에 속한 개미였다. 고등학교 2학년 때까지는 나에게도 꿈이란 게 있었다. 강아지를 좋아했기에 잠깐은 수의사가 되고 싶어 했다. 하지만 내 성적은 수의대에 갈 수 있는 성적이 아니었다. 언젠가 나를 교무실로 불러냈던 선생님은 나의 성적과 장래희망을 번갈아 보며 한숨을 푹 쉬셨다. 그 한숨의 의미는 명확했다. 현실적인 진로를 빨리 찾아내라는 것이었다. 딱히 슬프지는 않았다. 굳이 수의사가 되지 않더라도 강아지를 예뻐하는 일은 얼마든지 할 수가 있었다.

문제는 저 빈 종이였다. 생활기록부에 들어갈 장래희망란. 종이는 순서대로 돌아 내 책상에 놓여있었다. 수의사가 되지 못하는 것보다 아팠던 것은 그곳에 마땅히 적어 내릴 꿈이 없었다는 것이다. 친구들은 취미와 특기, 장래희망을 척척 적어 내렸다. '선생님' '변호사' '연기자' 모두 생활기록부에 어울리는 직업이었다. 하지만 나는 도통 무엇을 적어야 할지 몰랐다. 취미도 특기도 그 어느 것도 적어 내릴 게

없었다. 스스로가 무얼 좋아하는지조차 몰랐던 것이었다. 솔직히 그것에 대해 진지하게 생각해 보지도 않았다. 살다 보면 무언가가 자연스럽게 좋아지는 것일까? 아니면 억지로 무언가를 찾아내서 좋아해야만 하는 것일까? 막연하기만 했다.

고민하는 나에게 선생님은 3일의 시간을 준다고 하셨다. 나는 그동안 머리를 싸매서 그럴듯한 무언가를 적어내야 했다. 지금 선택하는 진로는 아주 중요했다. 그건 앞으로의 전공을 결정할 것이고, 어쩌면 나의 직업까지도 정해버릴 것이었다.

하루는 컴퓨터에 앉아 온종일 검색을 했다. 청소년 진로 사이트에 들어가 '직업 정보'를 딸칵 누르니, 무려 500개나 되는 직업들이 길게 나열되었다. '세공사, 세무사, 기계공학자…' 세상에 존재하는 다양한 역할들이 고작 글자 몇 개에 담겨있었다. 그중에는 식품공학 기술자도 있었고, 환경공학자도 있었다. 하지만 그 어디에도 나를 표현하는 단어는 없었다. 나는 그 공학자인지 뭔지 하는 역할들이 전혀 이해가 가지 않았다. 머릿속에 둥둥 떠다니는 지식이라고는 얄팍한 미적분과 물화생지가 전부였다. 그 얕은 지식으로 도통 '공학자'라는 원대한 단어를 떠올릴 수조차 없었다. 별안간 '기계공학자'가 될 거라던 친구의 꿈이 가식적으로 느껴지기까지 했다.

결국, 3일이 지난 뒤 선생님은 나에게 타협을 권하셨다. 수의사를 목표로 쌓아온 스펙을 전향하기에는 '환경공학자'가 가장 적합하다는 말이었다. 그렇게 내 장래희망은 환경공학자가 되었다. 간단하면서도 허무한 일이었다. 이후 나는 집을 짓는 개미처럼 시키는 일에

매진했다. 수학을 싫어했지만, 공학 서적을 읽었다. 학교 앞 하천에는 관심도 없었지만, 그곳에서 쓰레기를 줍는 봉사를 했다. 가식적인 일상 속에서 나의 스물네 시간은 언제나 타인의 것이었다.

하지만 당장 무리를 벗어난 개미의 하루는 막연하기만 했다. 평생 집을 지어야 하는 운명에서 벗어난 개미는 과연 행복할 수 있을까? 나는 하루를 채울 수 있는 일들을 직접 찾아 나서기로 했다. 그 막연한 가치를 찾아 무작정 걷고 또 걸었다. 그날은 온 동네의 불빛이 사라질 때까지 마을을 거닐었다. 이렇게 걷다 보면 분명 작은 보석 하나쯤은 주울 수 있을 거라 믿었다.

하루 정도는 거뜬히 살아낼 취미를 가지고 싶다. 운이 따라준다면 소중한 꿈도 가지고 싶다. 자기소개서에나 어울릴 법한 말이 아니라, 진심이 묻어난 말로 나를 소개하고 싶다. 좋아하는 일을 찾고 싶다. 코를 박고 한동안 숨을 참아도 시간의 흐름을 느낄 수 없을 정도의 열정을 가지고 싶다. 이젠 나를 재촉하는 사람도 없다. 숨 막히는 단어 속에 세상을 쑤셔 넣는 가식적인 사람들도 없다. 그러니 이왕이면 될 때까지 천천히 걷기만 할 테다. 지금 내가 가진 건, 막연한 걸음 그뿐이지만.

03

나를 제외한 모든 것에는 색채가 가득했다

예레반의 박물관은 코로나로 인해 굳게 닫혀있었다. 이제 남은 일이라고는 공화국 광장에서 사람들을 구경하고, 제때 끼니를 챙겨 먹고, 가능한 오랫동안 걷는 것이다. 나는 공룡의 발바닥만 한 낙엽들을 바스락, 바스락 밟으며 천천히 공원을 거닐었다.

나를 제외한 모든 것에는 색채가 가득했다. 선선한 가을과 어울리는 트렌치코트의 색깔, 초록색 트램이 지나다니는 도시의 색깔, 깜빡이는 신호등, 단풍이 물들어 있는 공원과 구석구석의 벤치까지. 다만 나 그리고 나를 둘러싼 시간을 제외하고 있었다.

같은 시간을 살아가는 사람들의 땀 냄새가 바람을 타고 날아왔다. 모두에게는 저마다의 색깔이 분명히 존재했다. 하지만 나는 더 이상 학생도 아니었고, 한국에 돌아가길 싫어했으니 한국인도 아니었다. 딱히 할 일이라고도 없었다. 나는 매일 그곳을, 예레반의 공원

을 하릴없이 드나들었다. 남들의 세상을 그림자가 되어 살아가는 기분이었다.

그날의 공원에는 유독 색채가 가득했다. 구석구석에 다양한 그림이 전시되어 있었다. 공원 한가운데 서 있는 분수 앞에도, 벤치 사이에도 그림이 한가득 놓여있었다. 그림의 제목도 화가의 이름도 붙어있지 않은 작품들이었다.

제목이 없는 예술 작품을 마주하는 건 처음이었다. 난해한 그림들로 가득 찬 전시회에 가도 작품 옆에는 언제나 제목이 있었다. 소양이 부족해 영 이해할 수 없던 클래식 음악도 마찬가지였다. '사계의 봄'이라던지, '겨울'이라던지. 작품을 소화하기 어려울 때는 작가가 붙여놓은 제목을 가지고 그럴듯하게 고개를 끄덕이곤 했었다. 심지

어 모네의 그림을 다룬 비문학 지문에도 작품의 이름 정도는 적혀있었다. 하지만 이곳의 그림들은 달랐다. 제목도 없이 그저 그림으로서 존재하고 있었다.

손에 땀이 쥐어졌다. 제목 없는 작품에 나만의 해석을 부여하는 것. 그건 태어나서 처음 해보는 일이었다. 나에게도 무언갈 해석할 자유가 있을까? 감히 남들의 그림에 나만의 해석을 부여해도 되는 걸까? 혹여나 미흡한 해석이 작가의 의도를 해치진 않을까 두려웠다.

그래도 괜찮다면, 저 분수대 아래 놓인 그림을 좋아하고 싶었다. 우산을 쓴 남녀가 아주 작게 그려진 그림이었다. 전체적으로 회색빛이었지만 중간중간에 붉은 단풍잎들이 그려져 있었다. 대비되는 두 색채 가운데 놓인 사랑. 그건 마치 첫사랑 같았고, 애매했고, 순간적인 것처럼 보였다. 이런 시답잖은 이유로 누군가의 작품을 좋아해도 되는 걸까? 두려웠지만 남몰래 그림을 마음에 품어보기로 했다. 그건 마치 첫사랑처럼 두근대는 일이었다.

04

굳이 무언가가 될 필요는 없어

우기에 산토리니를 찾아가는 이상한 사람은 나뿐일 거라 생각했어. 배에서 내리자마자 하늘 가득 먹구름이 꼈고 결국에는 천둥까지 쳐댔거든. 그 텅텅 비어있던 섬에서 너를 만난 거야.

네가 나에게 반짝이는 눈으로 'Oia' 마을에 가자고 말했을 때, 나는 조금 당황했어. '오이아' 마을이 어떤 동네인지 전혀 알지 못했거든. 네가 골똘히 무언갈 검색하더니 주저하던 나에게 사진을 보여줬어. '오이아'가 한국말로는 '이야' 마을이었던 거야. 너는 일몰로 유명한 그 마을에 당장 찾아가야겠다고 했어.

사실 출발할 때부터 알고 있었어. 구름이 잔뜩 낀 하늘은 어두 컴컴했고, 해는 이미 기울고 있었거든. 일몰 전까지 이야 마을에 도착하기에는 이미 늦은 시간이었어. 하지만 우리는 서두르지 않고 섬 자락을 천천히 거닐었지. 이 섬을 스쳐 간 여행자들이 바위에 새겨둔 편지를 읽다가, 비좁은 골목을 일렬로 지나가는 당나귀들에게 인사를 했어. 그리고 중간마다 수영장을 곁들인 고급 호텔들을 구경했지. 누런색 조명이 켜져 있는 주택들을 기웃거리기도 했어. 그때마다 너는 호탕하게 웃어 보이며 나에게 이렇게 말했잖아.

"One day!"

언젠가 돈이 많아지면 그런 곳들에서 묵는 날이 올 거라고 기대했어.

이야 마을에 도착하기도 전에 해가 지기 시작했어. 게다가 축축한 먹구름이 잔뜩 껴있어서 노을이 보이지도 않았지. 우리는 결국, 가던 길을 멈춰 서고는 이상한 계단 끝자락에 섰어. 이야 마을도 아닌 그

곳에서 완벽하지 않은 노을을 바라보았지. 순간 먹구름을 품은 바람이 세차게 불어왔고, 너는 두 팔을 크게 벌렸어. 마치 산토리니섬이 네 품에 다 안길 것처럼.

"시은, 너는 삼십 년 뒤에 무엇을 하고 있었으면 좋겠어?"

"잘 모르겠지만, 학교를 졸업한다면 아마 환경공학자가 돼 있을 것 같아."

"환경공학자? 그건 대체 무얼 하는 직업인데?"

"나도 잘 몰라. 그냥 내 전공이 환경공학이라서 그렇게 이야기한 것뿐이야."

"시은, 굳이 무엇이 될 필요는 없어. 네가 하고 싶은 것들을 떠올려 봐. 지금 떠나온 이 여행처럼 말이야. 여행을 하고 싶으면 배낭을 메면 돼. 노을을 보고 싶을 땐 지금처럼 가던 길을 멈추고 하늘을 바라보면 돼. 돈을 벌고 싶으면 돈을 버는 거야! 너로서 살아가면서 이 세상을 경험하면 돼. 세상 모든 것은 가지기 위해 존재하는 게 아니야. 경험하기 위한 것이지. 나는 30년 뒤에도 여전히 아름다운 세상을 여행하고 있으면 좋겠어. 아까 우리가 봤던 숙소들 기억나지? 그런 고급스러운 곳에서 머물 수 있다면 더할 나위 없을 거야."

너는 나를 향해 또렷하게 웃어 보였어. 이제야 폭풍 속에 희미해진

노을이 전혀 아쉽지가 않았어. 그때부터 내 눈동자도 빛나기 시작했거든. 덩달아 신이 난 너는 나를 재촉했잖아. 지금 당장 하고 싶은 것들이 있다면 말해보라고.

"나는 그러면, 지금처럼 책을 읽고 있었으면 좋겠어. 멍청하게 늙는 건 정말 싫어."

"더 말해봐 더!"

"그리고 영어를 조금 더 잘했으면 좋겠어. 내가 말을 이상하게 할 때마다 네가 자꾸 빵 터지잖아."

"그건 맞아. 근데 나도 한국어를 못 하니까 괜찮아."

"여행 유튜브를 보면서 스쿠버 다이빙을 배워보고 싶다고 생각했던 적이 있어. 내가 물을 정말 무서워하거든. 다이빙을 배운다면 물 공포증을 극복할 수 있지 않을까?"

"그건 이번 여행 때 확 해치워버리는 거야! 그리고?"

"어릴 적에 다큐멘터리를 보면서 아프리카에 가보고 싶어 했거든…. 아니, 이번에 확 가버릴까?"

너는 웃으며 그건 조금 지나쳤다고 말했어. 코로나 때문에 아프리카 전역의 국경이 닫혀있는 상태였거든. 그건 나중에 도전해도 좋으니, 하고 싶은 일들을 천천히 해나가라고 했어. 그렇게 살아가다 보면 내가 원하는 모습이 되어있을 거라고.

어쩌다 보니 남은 여정의 절반을 이곳 아프리카에서 보내고 있네. 여기는 산토리니의 폭풍우가 그리워질 정도로 후덥지근해. 전기가 없어서 할 일이라고는 일기를 쓰는 것밖에 없지. 아, 외국인들이랑 살다 보니까 영어 실력도 늘었어. 그러니까 다음번에 다시 만날 땐 나와 대화하기가 조금 더 쉬울 거야.

너의 말 덕분에 내가 얼마나 기적 같은 삶을 살게 되었는지 꼭 말해줄게. 그때 이 편지도 전해줄 거야.

- 그 어딘가에서 아직도 배낭을 메고 있을 너에게

Chapter 02

책상 밖, 펼쳐진 색깔들

: 우간다

01

비자 없이 막무가내로 우간다에 도착하다

“당장 너희 나라로 돌아가.”

모든 계획이 수포로 돌아갔다. 내 작은 체구만 한 배낭을 이고, 기어코 도착한 아프리카 우간다에서 매몰차게 입국을 거절당했다. 이 먼 곳까지 오기 위해 얼마만큼의 야박한 시간을 견뎌와야 했는지 그들은 신경조차 쓰지 않는 눈치다.

우간다 엔테베 국제공항은 코로나 때문에 텅 비어있었다. 일찍이 도착 비자를 막아버린 그곳에 관광객이 찾아올 리가 만무했다. 이질적인 피부색을 한 나는 공항 직원들의 눈을 사로잡았다. 이틀 동안 씻지 못해 꾀죄죄한 행색의 아시안 여자가 나타났다. 그것도 비자도 없이 뻔뻔하게 말이다. 스물하나의 나는 ‘비자’라는 개념을 잘 알지 못했다. 국가와 국가 사이의 엄격한 경계. 그리고 반드시 지켜야 하는 법들은 낯설기만 했다. 사실 그런 것들이 딱히 중요한가 싶었다.

몸뚱이만 공항에 욱여넣고 실실 웃으면 자연스레 입국이 될 거라고 예상했다. 그래서 비자도 없이 우간다에 도착하는 만행을 저지른 것이다. 입국심사관 앞에서 땡깡을 부리던 나는 누군가의 손에 이끌려 작은 방에 보내졌다. 영화에서나 봤을 법한 취조실 같은 곳이었다.

벽보에는 누레진 신문들이 덕지덕지 붙어있었고, 케케묵은 곰팡이 냄새가 났다. 테이블 건너편에서 나를 노려보던 그의 멀끔한 유니폼을 바라보았다. 옷의 왼쪽 가슴에는 조그마한 마크가 달려있었다. 그 정체 모를 마크를 보자 온몸의 털이 곤두섰다. 그가 경찰일 수도 있을 거라는 생각이 들자 왈칵, 뒤늦은 후회가 몰려왔다.

'내가 무슨 생각으로 비자도 없이 여기에 올 생각을 한 거지.'

코로나로 인해 아프리카 여행길은 줄곧 막혀있었다. 남아공부터 시작된 오미크론 바이러스가 전 세계의 국경을 닫아버렸던 바로 그 시기였다. 아프리카에 가겠다고 마음을 먹었던 나는 국경을 뚫고 들어갈 방법을 궁리했다. 그러던 중 정보 하나를 접수했다. 현지 단체의 초대장을 받으면 비자를 신청할 수 있다는 것이었다. 나는 소식을 듣자마자 우간다의 봉사 단체에 연락을 했다. 그렇게 얻은 초대장으로 비자를 신청했다.

아프리카의 행정처리를 순진하게 믿고 있던 것이 문제였다. 우간다 행정처리에는 정해진 기간 따위가 없었다. 비자를 받기 위해서는 통상 30일 이상을 기다려야 했다. 운이 안 좋은 경우에는 그 기간이 무한정으로 늘어날 수 있다는 사실을 출국 당일에서야 알았다.

누가 보아도 입국이 불가능한 상황이었지만, 나는 공항으로 향했다. 당연히 체크인부터 삐걱댔다. 그리스에서 우간다로 이동하기 위해서는 한 번의 환승, 즉 두 번의 체크인을 해야 했다. 당연하게도 두 번 다 체크인을 거절당했다. 하지만 나는 현지 초대장과 보류 중인 비자 심사서를 항공사 직원들에게 들이밀었다. 우간다의 행정처리 과정이 그들에게도 낯설었는지 직원들은 몇 번의 통화와 의심쩍은 눈초리 끝에 출국을 허락했다. 그것도 두 번씩이나 말이다. 후에 알게 된 사실이지만, 비자도 없이 두 번이나 체크인에 성공한 일에는 천운이 따른 것이었다.

우간다로 향하는 비행기에 오른 나는 머릿속으로 최악의 시나리오들을 정리했다.

첫 번째, 입국을 거절당한다면 바로 새로운 티켓을 끊어 이집트로 날아간다. 돈은 날리겠지만 무모한 도전에 비해 아깝지 않은 금액이었다.

두 번째, 오미크론 바이러스로 국경이 봉쇄된다면 3개월 정도를 우간다에서 보내야만 했다. 그 시기 우간다 주변에 있는 나라들이 순차적으로 국경을 봉쇄하고 있었다. 하지만 나에게는 충분한 시간이 있었기에 그건 문제가 아니었다.

세 번째, 최근 우간다 수도에서 테러가 일어났다는 소식을 접했다. 엔테베 공항은 수도 주변에 있었기에 같은 일이 반복된다면 생명을 위협당할 수도 있었다. 이 문제도 사실 큰 걱정거리가 아니었다. 평생 아무것도 도전하지 않고 살아갈 바에는, 원하는 일에 몸을 던지고 나서 죽는 게 낫다고 생각했다. 무모한 생각이었다. 누군가에게 이 이야기를 해줬더라면, '풉' 하고는 나를 비웃었을지도 모른다. 하지만 당시 나는 '도전'이라는 단어에 사뭇 진지하게 굴었다. 아프리카로 떠나기로 한 것은, 스물하나짜리 여자애가 목숨을 바칠 정도로 중대한 결정이었다.

당돌하게 우간다에 도착했지만, 엄숙한 분위기 속에서 버럭 화를 낼 것만 같은 사람 앞에 앉아있자니 죄수가 된 기분이었다. 비자는 그렇게 간단한 문제가 아니었다. 모든 말끝에 '비자'를 반복하는 그에게 어떠한 변명도 통하지 않았다. 그래, 이제는 인정을 해야만 했다. 나는 정말 무례하고도 멍청한 일을 저질러 버린 것이다. 책상 밑으로 손톱을 쥐어뜯던 내가 입을 열었다.

"제 비자는 아직 심사 중이에요."

건너편에 앉아있던 그는 무심하게 어깨를 으쓱했다. 자신도 그 사실 정도는 이미 알고 있다는 눈치였다. 내가 이어서 말했다.

"필요한 서류는 이미 다 제출했어요. 무작정 기다리다가 안 되겠다 싶어서 온 거예요. 부탁해요. 서류를 지금이라도 확인해 주세요."

"친구, 비자는 그렇게 간단한 문제가 아니야. 무슨 생각으로 항공사에서 체크인을 허락했는지 모르겠네. 당장 너희 나라로 돌아가. 알다시피 코로나 때문에 쉽게 비자를 줄 수 없는 상황이니까."

그는 분명 또박또박 말하고 있었지만, 난생처음 들어보는 아프리

칸 발음에 속이 울렁거렸다. 하지만 그 와중에도 분명하게 알아들을 수 있었다. 최악의 시나리오 1번으로 사건이 전개되고 있었다. 예상했던 일이었지만, 당장 우간다를 떠나라고 화를 내는 그의 목소리에 나는 한껏 위축되었다. 결국, 나는 자포자기 하는 심정으로 그에게 호소했다.

"이곳에 온 이유는 여행이 아니라 봉사예요."

꿉꿉한 사무실에 나의 떨리는 목소리가 울려 퍼졌다.

"여기 사진 보이세요? 제가 일할 학교예요. 여기서 아이들에게 수학도 가르치고 과학도 가르칠 거예요. 기부금도 모아서 학교를 보수하기로 했어요. 여기 아이들 얼굴 한 번만 봐주세요."

어차피 돌아갈 거 바짓가랑이라도 잡자는 심보였다.

그런데 기적이 일어났다. 그의 표정이 'Volunteer'라는 단어에서 밝게 개었다. 그는 애써 인상을 풀지 않은 채로 나에게 물었다. 학교가 어떤 지역에 있는지, 내가 어쩌다 봉사 경로를 알게 된 것인지까지. 그는 내가 우간다에 온 이유를 마음에 들어 했다. 몇 차례 질문을 건넨 뒤에서야, 그는 나에게 한 달의 시간을 주겠다고 말했다. 결국, 비자 값을 한 번 더 치러야 했지만 한 달짜리 비자를 받을 수 있었다. 나는 연신 "땡큐"를 외치며 그에게 한국식으로 배꼽 인사를 했다. 그는 무덤덤한 표정을 유지하면서도 내게 이렇게 말했다.

"앞으로 이런 무모한 짓은 하지 마. 네게는 기적이 따랐다는 걸 잊지 말고."

우리는 살아가면서 몇 번의 기적을 경험한다. 한 사람에게 정해진 기적의 개수는 없다. 그저 얼마만큼 무모한 세상에 닿았느냐 하는 것이 그것을 결정한다. 그러니 우리에게 필요한 건 최악의 결과를 예상하고 그것을 책임질 용기다. 모든 결과를 받아들일 수만 있다면 몇 번이고 몸을 던져도 된다. 기적에 닿을 때까지, 수 없이 넘어지고 일어나기를 반복해도 괜찮다. 시간은 충분하고, 우리는 여전히 어리기 때문이다.

02
This is AFRICAN way!

"This is African way!"

아이들이 깔깔 웃으며 소리쳤다. 나는 커다래진 눈동자로 입까지 쩍 벌려댔다. 우물을 본 적은 있지만, 직접 그곳에서 물을 퍼서 사용해 보는 건 처음이다. 고작 나의 다리 길이만 한 아이들이 대장부처럼 물통을 들어 올렸다. 그리고는 척척 머리에 이고는 잘도 옮겼다. 아이들을 도와주겠다며 냉큼 따라나선 것이 부끄러웠다. 마중물 끌어 올리는 방법도 모르는 서울 촌놈!

당황한 기색 사이로 한 아이가 다시 한 번 소리쳤다.

"This is African way."

귀여운 외모에 어울리지 않는 동굴 목소리의 소유자, 그의 이름은 사이라스다. 고아원에는 규칙이 하나 있다. 봉사자가 왔을 때는 집에서도 늘 영어를 사용해야 한다는 것이다. 그래서 고아원에 머물던 사이라스는 동네 친구들과 다르게 영어를 유창하게 사용했다.

"You have to get used to it. Because here is Africa.(여기는 아프리카야. 그러니까 아프리카 사람들의 생활 방식에 익숙해져야 해.)"

알아. 익숙해져야 한다는 것쯤은 안다구. 앞으로는 아침마다 우물에서 물을 퍼와야 한다는 것도. 그 물로 하루 종일 이도 닦고, 변기도 내리고 머리도 감아야 한다는 것도. 하지만 금방 익숙해지기에는 어려운 점이 한두 가지가 아니었다. 문이 박살 나 천막으로 위태롭게 가려둔 화장실부터, 거실을 점령한 도마뱀 네 마리, 모기장으로 둘둘 말려있는 침대까지. 혹여나 모기장에 1센티만 한 구멍이라도 생기면 밤새도록 모기들에게 처형을 당했다. 심지어 밤마다 모기장 위로 점프를 해대는 도마뱀도 있었다. 오밤중에 '끼익-끼익-'대는 소리에 눈을 뜨면, 도마뱀이 그 위에서 나를 감시하고 있었다!

그리고 이 정체불명의 비누. 아이들은 비누를 빨래와 샤워를 하는 데에도, 방바닥을 닦는 데에도, 심지어 설거지를 하는 데에도 사용했다. 그래서 아이들의 정수리와 집안 곳곳에서는 늘 같은 냄새가 났다. 그래도 그 정도는 참아낼 수 있었다. 하지만 손가락만 한 벌레만큼은 견딜 수 없었다. 여치만 한 바퀴벌레가 소파에서 날아오를 때마다 나는 속절없이 비명을 터트렸다. 게다가 늦은 밤 사각사각 소리가 들려올 때면, 바퀴벌레가 손바닥만 한 종이를 갉아 먹고 있었다. 정말이다. 그럴 때면 아이들은 싱글벙글 웃으며 나에게 소리쳤다.

"This is African way."

그래. 아프리카를 어느 정도 상상하고 오긴 했다만, 이 정도로 초

록 초록한 곳일 줄이야. 바나나 나뭇잎은 시퍼런 하늘을 빼곡히 가려버릴 정도로 넓었다. 게다가 땅은 온통 황토색이었다. 마당 밖에 풀어진 병아리들은 엄마 닭을 졸졸 쫓아다니고 있었다. 풀을 뜯어 먹는 뿔이 작은 염소 몇 마리도 보였다. 마침 뜨거운 바람과 함께 망고 냄새가 풍겨왔다. 습하면서도 달콤한 적도의 냄새. 내가 정말 아프리카, 지구의 적도까지 와버렸구나.

고작 마당 앞을 서성이다 염소를 구경했을 뿐인데, 그 짧은 새에 신발은 온통 진흙투성이가 됐다. 황토들이 덕지덕지 달라붙어 신발을 마구 괴롭혀댔기 때문이다. 우간다에 도착한 첫날부터 배운 것은 바로 '슬리퍼 닦는 기술'이었다. 그건 말 그대로 신발을 뽀독뽀독 새하얗게 닦아내는 방법이다. 우선 빈 시멘트 통에 물을 한가득 받는다.

슬리퍼들을 그곳에 풍덩 던져놓고 진흙이 잔뜩 불어날 때까지 기다린다. 커다란 솔과 정체불명의 '그 비누' 하나만 있으면 준비 완료다. 이제 잘 불어난 황토를 척척 닦아내기만 하면 된다.

지나치게 비옥한 황토색 땅 덕분에 아이들의 신발은 언제나 쉽게 더러워졌다. 그래서 우리는 매일 저녁 뒷마당에 옹기종기 모였다. 그리고 신발보다 커다란 솔을 들고는 슬리퍼를 닦아냈다. 황토를 불러낸 물을 첨벙거렸고, 재미 삼아 서로를 공격하기도 했다. 그게 우리의 하루를 마무리하는 일과 중 하나였다. 어느 날은 내 신발이 새하얗게 닦여 마당에 놓여있던 적도 있었다. 누군가 나를 대신해 솔질을 해준 것이었다. 그럴 때면 초코볼 같이 사랑스러운 아이들의 얼굴을 유심히 관찰했다. 반드시 한 명은 뿌듯한 표정을 짓고 있었다.

한평생 콘크리트만 밟아온 사람으로서는 상상조차 하지 못할 삶이 있다. 지구 반대편, 땅 색깔이 우리보다 진한 어느 마을. 그곳에 사는 사람들은 매일 하루를 신발을 닦는 일로 마무리한다. 세상에는 저마다의 방식으로 해석된 삶들이 존재한다. 그건 태어난 배경에 따라 달라지고, 비누를 바라보는 관점에 따라 달라진다. 가끔은 땅 색깔의 영향을 받기도 한다. 삶의 형태는 무한하다. 그건 사람의 생각과도 같아서 다양해지려면 얼마든지 다양해질 수 있다.

나는 이제까지 어두 캄캄한 세상을 작은 손전등 하나로 바라봐 온 것이다. 지금까지 살아온 깔끔한 아파트가 세상의 전부라고 믿었다. 하지만 우간다 사람들의 삶은 전혀 새로운 것이 아니었다. 애초부터 존재했지만, 좁기만 했던 나의 시야가 이곳에 닿지 못했을 뿐이다. 왜 나의 세상을 네모난 아파트와 책상에 가두고 살아온 걸까. 이제야 손전등을 요리조리 움직이기 시작했다. 언젠가 여행의 끝자락에 닿았을 때, 지구 전체를 환하게 비춰볼 수 있을 것 같다.

나는 내가 걸어온 발자국, 딱 그만큼씩 넓어지고 있었다.

황토가 가득한 마을에서는
하루 일과가 신발을 빠는 일일 수도 있다.

정체불명의 비누를 그릇을 닦는 데에도,
목욕을 하는 데에도 사용할 수 있다.

엄지손가락만 한 바퀴벌레는
매일 밤 어떠한 이유로 종이를 갉아 먹을 수도 있다.

화장실 문이 박살 나도
그냥 둘 수 있는 법이고

모기장을 둘둘 말지 않고서는
잠을 청할 수 없는 마을도 있다.

지구 반대편에는,
슬리퍼를 대신 솔질해 주는 것으로
사랑을 표현하는 사람들이 있다.

03

지구 반대편 스물셋의 꿈

세상에서 가장 기뻤던 날은 수능이 끝났던 날이다.

세상에서 가장 슬펐던 날은 생물시험을 4등급 받은 날이었고,

세상에서 가장 후회되는 날은 무책임한 말을 뱉어버린 바로 그날이었다.

"선생님은 꿈이 뭐예요?"

보조강사로 아르바이트를 했던 나에게 서헌이가 물었다. 부모님의 일이 특히나 늦게 끝나서 나와 아홉 시까지 학원에 남아 있던 친구였다.

학생들의 대부분은 나를 그저 '선생님'으로 생각했다. 아이들은 나의 이름조차 기억하지도 못했고, 내가 방학을 내어 학원에서 용돈을 벌고 있다는 사실에도 관심이 없었다. 나도 어릴 때는 그랬다. 엄마

는 엄마, 직장인은 직장인, 선생님은 그냥 선생님인 줄로만 알았다. 줄자로 학생들의 손바닥을 때리던 그녀가 실은 두 아이의 엄마였다는 것도, 육아와 업무를 병행하기 위해 커피를 매일 다섯 잔이나 마셔야 했다는 것도 몰랐다. 그녀가 새로운 삶을 개척하기 위해 매일 밤 온라인으로 강의를 듣고 있었다는 것에도 관심이 없었다.

교사의 삶은 평생 교사에 머무는 줄로만 알았다. '직업'이 삶의 종착지일 거라고 생각했다. 꿈은 직업을 가지기 전에나 바랄 수 있는 것인 줄로만 알았다. 하지만 서현이의 질문은 달랐다. 그 아이는 '선생님'이라는 역할 뒤에 존재하던 나를 바라보았다. "선생님은 꿈이

뭐예요?"라니, 지나치게 순수하고 본질적인 질문이었다. 덕분에 내 귀는 새빨개졌다. 주어진 역할에 숨어오던 날들이 들통나고 말았기 때문이다. 나는 대학생이 된 이후로 꿈을 가져본 적이 없다.

물론 교복을 입던 시절 품었던 꿈이라고는 대학생이 되는 것뿐이었다. 촌스러운 교복 대신에 대학교 로고가 그려진 점퍼를 걸친 채 캠퍼스를 활보하고 싶었다. 그게 내가 바라던 미래의 진부였다.

그렇다면 대학생이 된 나의 꿈은 직장인이어야 하는 것일까? 방학에도 두세 개의 자격증 공부를 이어나가는 친구들을 떠올렸다. 그리고 안정적인 기업에 취직한 선배들을 생각했다. 그들의 삶을 바라보고 있자니, 내 인생의 종착지는 아마 직장인일 것 같았다.

애초에 꿈이라고는 필요가 없는 삶이었다. 나의 미래는 대학교에 입학하는 순간 정해졌기 때문이다. 모두가 바라는 '고연봉의 안정적인 대기업 직장인.' 내가 바랄 수 있는 건 이게 전부였다. 꿈을 가진다고 해봤자 달라지는 것은 연봉뿐일 테니 말이다.

나는 결국, 아이에게 이렇게 대답하고 말았다.

"선생님은 지금 대학생이야. 대학생 그다음은 직장인이겠지 뭐."

리디야는 나와 달랐다. 마른 몸매에 통통한 얼굴, 레게머리를 질끈 묶은 그녀가 나를 앞장섰다. 고아원에서 운영하는 학교로 가는 길이었다. 우리는 황토색 길들을 지났고, 썩은 망고도 여러 번 밟았다. 바나나 나무 사이를 헤쳐가다 보니 소박한 학교 하나가 나왔다. 초록색 그리고 하늘색으로 대충 칠해진 작은 건물이었다. 벽에는 군데군데

더러운 자국들이 보였다. 아이들이 바나나 나무를 올라타다 더러워진 손바닥을 그곳에 여러 번 문댄 것처럼 보였다.

그녀는 굳게 닫힌 철문을 발차기로 열었다. 방안에 부유하던 퀘퀘한 먼지들이 문을 열자 햇빛에 반사돼 보였다. 작은 방 안에는 우간다 국기가 걸려있었고, 나무로 만들어진 책상도 하나 놓여있었다. 교무실이었다. 리디야는 몇 번 재채기를 하고는 무심하게 코를 닦았다. 그리고 곧장 뿌듯한 표정을 지으며 말했다.

"여기가 바로 내 꿈이 시작되는 곳이야."

"네 꿈은 학교를 짓는 거라고 했지, 리디야?"

"그냥 학교가 아니야. 돈 없는 마을 아이들이 무료로 교육을 받을 수 있는 학교를 지을 거야. 아이들이 찢어진 옷이 아니라 교복을 입게 할 거야. 수학도 배우게 하고 영어도 배우게 할 거야. 이곳에서 든든한 점심도 먹을 수 있도록 할 거야. 네가 앞으로 도와줄 일이 바로 이거야."

지구 반대편 스물세 살은 이런 꿈을 꾸고 살아가는구나. 나도 아주 어릴 적 무언가가 되기를 바랐던 적이 있었다. 악보 읽는 법을 얼추 알았을 때는 피아니스트가 되고 싶었다. 그리고 강아지를 입양했을 때는 잠깐 수의사를 꿈꾸기도 했다. 하지만 '학교를 짓는 일'은 한 번도 생각해 보지 않았다. 그녀는 왜 학교를 짓는 일을 꿈꾸기 시작한 걸까.

"이 작은 마을에 사는 아이들은 대부분 방치된 채로 살아가. 학교에 다니지 못한 아이들은 셈을 하는 법도 몰라. 자신의 생각을 말하

는 법도 몰라서 부당한 일에 화를 내지도 못하지. 그래서 어린 나이에 결혼을 해. 당연하게도 아이를 낳아. 그렇게 가난과 불행을 반복하는 거야. 이게 바로 교육이 필요한 이유야. 나는 이 학교를 통해서 지금보다 더 나은 마을을 만들어 갈 거야."

그녀는 꿈을 이루기 전까지는 결혼도 하지 않을 거라며 눈을 부릅떴다. 억만장자가 되기 전까지는 결혼하지 않을 거라며 부모님께 떵떵거리던 나와의 유일한 공통점이었다. 우리는 그 점을 제외한 모든 면에서 달랐다. 리디야는 선생님이면서도 꿈을 가지고 있었다. 그리고 꿈의 크기를 자신에게 한정하지 않았다.

내가 이제까지 바라왔던 삶을 생각해 보았다. 좋은 대학교의 학생이든, 어릴 적 꿈꿨던 피아니스트든, 수의사든, 나는 '꿈'을 나 자신을 빛내는 수단으로 정의했었다. 좋은 기업에 취직하는 게 나의 꿈이라면, 그건 아마 돈 때문일 것이다. 그리고 평생을 높은 연봉을 위해 살아갈 것이다. 돈이야말로 나를 빛낼 수 있는 최고의 수단이기 때문이다. 하지만 그 모든 건 오로지 나 자신에게만 머무는 일이었다. 리디야의 꿈은 본인을 빛내는 일에서 조금 더 멀리 나아가 있었다. 이 작은 마을을 통째로 빛내겠다는 것이었다.

때마침 학교 주변으로 아이들이 몰려왔다. 하나, 둘 리디야의 앞에 줄을 섰고, 모두 그녀를 향해 무릎을 꿇었다. 얼굴에 침이 잔뜩 묻어 있는 아이가 보였다. 어깨가 허리까지 늘어난 옷을 입은 아이도, 쓰레기를 쪽쪽 빨고 있는 아이도 있었다. 아이들은 공손하게 한쪽 무릎을 접었고, 심장에 오른쪽 손을 얹었다. 그리고는 새하얀 눈동자로 그녀를 올려다보았다. 우간다에서 윗사람에게 존경을 표하는 방법이었다.

"Anti Lydiya, Oriotiya.(안녕하세요, 리디야 선생님.)"

아이들을 맞이하는 그녀의 모습 뒤로 커다란 무언가 일렁이고 있었다. 그건 선생님의 모습도 아니었고 엄마의 모습도 아니었다. 그 빛나는 무언가가 그녀의 몸을 뚫고 나와 한참을 높이 하늘 위로 솟아올랐다. 그리고는 우간다의 작은 마을을 따뜻하게 뒤덮었다.

리디야의 꿈에는 강한 힘이 있었다. 그건 타인을 움직이게 했고, 마을을 변화시켰다. 그녀의 꿈속에 녹아있던 한 달 동안, 나도 리디야를 닮은 소망 하나를 품었다. 우간다 아이들의 삶을 지금보다 더 낫게 만들어 주고 싶다는 마음이었다. 그건 내 꿈도 아니었고, 이제까지 살아온 날들과도 다른 모습이었다. 누군가의 꿈은 한 사람의 행동을 바꾸고, 공동체를 움직이고, 세상을 변화시킬 정도로 아름다운 것이었다.

이제야 서현이에게 했어야 했던 말이 떠올랐다. 이미 그곳에서 한참 먼 시간과 거리를 날아와 버렸지만, 이 마음만큼은 지구를 돌고 돌아 네게 전달되길 바랐다.

선생님은 아직 무엇이 될지 잘 모르겠지만,
나를 넘어 주변 사람들까지 빛낼 수 있는 일을 한다면
그건 참 멋질 것 같아. 그렇지?

04
학교를 도망 나온 내가 한 첫 번째 일은 학교를 짓는 일

학교가 없는 세상을 바라던 시절이 있었다. 특히나 빨간 립스틱을 덕지덕지 바르고 등교를 하던 중학생 시절, 선생님께 손바닥을 맞고 퉁퉁 부은 눈으로 깜지를 쓰곤 했다. 물티슈로 성난 입술을 벅벅 지우던 나는 이렇게 생각했다.

'이 학교는 나를 못 괴롭혀서 안달이야! 학교가 없는 세상에서 태어났더라면 좋았을 텐데….'

누구든 한 번쯤은 학교가 없는 삶을 꿈꿔봤을 것이다. 이 시긋시긋한 교실에서 벗어나서 낭만 있게 살아보면 안 될까? 새파란 바다 앞에 오두막을 짓는다던가, 푸른 들판 위에서 자유를 만끽한다던가 말이다. 반항심이 가득 차올랐던 시절에는 학교 밖의 세상을 동경했다.

정말 학교가 없는 세상은 어떤 모습을 하고 있을까? 대마초를 피우며 아이를 방치하는 부모는 생각하지 못했을 것이다. 할 일 없이

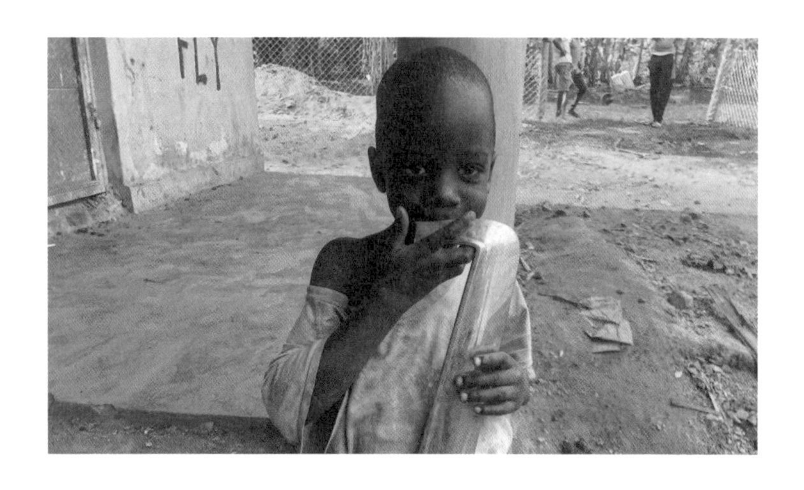

몇 날 며칠을 길에서 서성이는 아이들도 말이다. 우간다의 진자 마을에는 학교가 없었다. 그리고 학교에 가지 않는 아이들의 삶에 낭만이라고는 없었다.

진자의 학교는 코로나로 인해 오랜 기간 문을 열지 못했다. 우리는 그동안 학교에 펜스를 짓는 등 여러 보수작업을 진행했다. 할 일이 없는 마을 아이들은 매일 학교 주변을 서성였다. 그리고 망치질을 하는 내 주변을 빙글빙글 돌기만 했다. 가끔은 녹이 슨 못과 성한 못을 구분하고 내 손에 쓸 만한 못을 쥐여주기도 했다. 남자아이들은 그 옆에서 쓰레기로 칭칭 감아 만든 공을 찼다. 여자아이들은 꽃을 꺾어와서 나의 머리를 꾸며주곤 했다.

학교 앞을 서성이는 건 아이들뿐만이 아니었다. 그날은 목이 어깨까지 늘어난 옷을 입던 아이의 아빠를 만났다. 그는 땅바닥에서 푹 푹 찌는 더위를 온몸으로 받아내고 있었다. 텅 빈 눈동자를 한 그는 하루 종일 아이 앞에서 대마초를 피워댔다. 내가 그의 새까만 눈동자를 오랫동안 바라보았을 때, 그는 나와 눈을 마주치고 있다는 사실조차 인지하지 못했다. 그가 서성이는 곳은 현실이 아닌 다른 세상이었다. 그를 볼 때면 마치 죽어있는 사람을 보는 기분이었다. 아이는 그런 아빠의 주변을 빙글빙글 돌기만 했다. 가끔은 시답잖은 이유로 아빠에게 엉덩이를 두들겨 맞았다. 학교를 벗어난 이들의 삶은 위태로웠다.

치마를 접어 입고 등교를 하던 시절을 떠올렸다. 짓궂은 사춘기를 맞았던 나의 삶도 조금은 위태로웠다. 양아치처럼 샛노란 머리를 하고 등교를 한 적도 있었고, 화장을 잡는 선생님에게 눈알을 부라린

적도 있었다. 하지만 나는 학교를 다녔기에 생각하는 법을 알았다. 바다를 건너가면 다른 나라가 존재한다는 사실을 배웠다. 타국의 언어를 배웠다. 셈하는 법을 배웠으며, 부당한 일에 분노하는 법도 알았다. 국어 시간에는 글 쓰는 법을 배웠다. 그래서 삐딱한 마음을 일기장에 써 내릴 수도 있었다. 선생님에게 잔뜩 혼이 났던 날에는 일기장에 '까딱하면 이곳을 박차고 나갈 수 있다'라고 적었다.

학교는 주체적인 사고를 가르치는 곳이다. 말을 잘 듣는 아이든, 성질이 고약한 아이든 모두 저마다의 생각을 가지고 세상으로 나아가게 한다. 규칙에 순종하는 아이들은 정해진 길을 잘 따라갈 것이다. 선생님이 바라던 대로 멀끔한 정장을 입은 검사가 될 수도 있고, 연구원이 될 수도 있다. 그렇다고 규칙에서 벗어난 아이들이 방치되는 것은 아니다. 생각하는 법을 배운 아이들은 멈춰있기를 거부한다. 그

들은 언젠가 질서 너머의 세상으로 나아갈 시도를 한다.

동태눈을 한 아빠에게 엉덩이를 맞던 그 아이를 다시 만났다. 나는 그날도 어김없이 학교 앞에서 망치질을 하고 있었다. 한참 동안 기둥에 못질을 하다가 땀을 닦기 위해 고개를 들었다. 그 아이는 고사리 같은 손으로 기둥을 있는 힘껏 잡고 있었다. 망치질에 펜스가 밀려나지 않게 나를 도와주고 있던 것이다.

나는 아이의 빛나는 눈동자를 천천히 바라보았다.

“앞으로 이 학교에서 글도 배우고 책도 많이 읽어. 지각도 하고. 선생님이 틀린 것 같으면 대들어도 돼. 그러니까 학교가 열릴 때까지 조금만 기다려. 알았지?”

우리의 삶은 남들에 비해 조금 위태롭다. 학교를 벗어나 있기 때문

이다. 하지만 생각하는 사람은 멈춰있기를 거부한다. 나는 비록 학교를 박차고 나왔지만, 나를 닮은 세상을 더듬어가고 있었다. 이제 너희도 반항 정도는 꿈꿔볼 수 있는 학교를 세워갈 것이다. 그건 분명하게 살아 숨 쉬는 일이었다.

05

전기 없이 아프리카 한 달 살기

"나는 무려, 한 달 동안이나 전기 없이 살아본 사람이라고!"

에디슨에게 이런 말을 한다면, 그는 쏟아지는 감동에 입까지 틀어막을지도 모른다.

당장 내일부터 이 세상에 전기가 사라진다면 어떤 일이 일어날까? 지구촌이 전부 마비돼 버릴 것이다. 메일함 속에 쌓여있는 급박한 문서도, 우리 집 냉장고에 들어있는 반찬도, 숫자로 찍어둔 통장 잔고까지 모조리 썩어 없어질 테니 말이다. 물론 학교 전산 시스템에도 문제가 생길 것이다. 백지를 낸 저번 학기 화학 성적까지도 몽땅 사라져 버리지 않을까? 그것만큼은 기쁠 테지만, 그리운 가족과 친구들에게 안부를 전할 수단도 없어질 것이다. 그러니 전기가 사라진다는 것은 끔찍한 일에 가깝다.

하지만 이곳 진자만큼은 여전히 평화로울 것이다. 우리에게는 어제도 엊그제도 전기가 없었다. 오늘부로 삼 주째다. 전기가 홀라당 도망 나가 버린 지. 애초에 하루에 한 번씩은 밥 먹듯 정전이 됐었지만, 이번에는 너무하다. 새벽 일찍 나간 전기가 밤 열한 시가 넘도록 돌아오지 않았다. 소문으로는 전력공급소가 크리스마스를 대비해 보수공사를 시작했다고 들었다. 그 말의 의미는 명확하다. 크리스마스 전까지는 반짝거리는 형광등과 티비를 꿈도 꾸지 말라는 것이다.

다행인 건, 나에게는 보조배터리가 있었고 거실에도 작은 파워뱅크가 있었다. 그래서 전기가 들어오는 그 짧은 시간 동안 배터리를

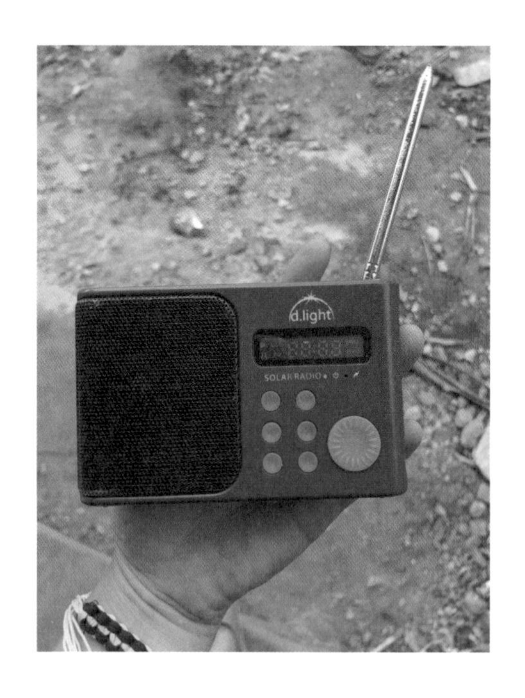

충전해 둘 수 있었다. 우리는 보조배터리에 모아둔 약한 전기로 하루를 버텼다. 사실 그것마저 부족했기에 캄캄한 밤이 오기 전까지는 전기를 아예 쓰지 못했다.

전기가 없는 진자의 오후는 고요했다. 마당 앞 닭들이 우는 소리, 아이들이 신발을 차며 노는 소리, 망고나무를 흔드는 시원한 바람 소리가 일상의 전부였다. 정적을 깨우는 소리라고는 주먹만 한 라디오에서 흘러나오는 괴상한 방송뿐이었다. 그마저도 형편없는 성능을 자랑했기에 고요함을 뒤흔들기에는 턱없이 부족했다. 그래서 먹구름이 천둥 번개를 데려오는 날이면 우리는 다 같이 엉덩이를 흔들었다. 그중 엉덩이를 가장 씰룩대는 친구는 크리스였다. 조약돌처럼 동그란 얼굴을 가진 크리스는 개구쟁이 같은 표정을 짓고 노래를 불렀다.

"비야 비야 물러가라. 아이들은 비를 무서워해요. 비야 비야 물러가라. Sing, sing together!"

그 노래는 가사와 다르게 먹구름을 찬양하고 있었다. 먹구름이야말로 심심한 일상 속 유일한 소음이었다. 멀리서부터 소나기가 쏟아지자 크리스와 아이들은 양쪽으로 내 손을 잡았다. 그리고는 집을 향해 달려가기 시작했다. 비는 세차게 떨어졌고, 우리는 달리는 내내 비를 맞으며 노래를 불렀다. 그건 마치 어린 날에 물웅덩이를 첨벙거리던 기억과 비슷했다. 궂은 비 아래에서 우산을 던져버리고 싶던 충동과 같았다. 빗줄기는 서로의 말소리가 들리지 않을 정도로 거세게 떨어졌다. 밋밋했던 우리의 하루에 시원한 먹구름이 가득 차오르고 있었다.

비가 오는 날 집안은 낮인데도 저녁만큼 어두웠다. 방 안에서는 촛불을 켜야 서로의 얼굴을 확인할 수 있을 정도였다. 빗물에 홀딱 젖은 아이들이 거실에서 새근새근 자고 있었다. 나와 게투는 방에 들어와 작은 촛불 아래서 잡담을 나눴다. 그녀는 열네 살 소녀의 고민답지 않은 무거운 주제를 나에게 털어놨다. 멀리 떨어져서 살아가는 언니에 대한 이야기였다. 축축한 낮의 분위기에 취한 게투는 한바탕 눈물을 쏟아내고는 했다.

촛불 앞에 쭈그려 앉은 우리는 팔찌를 만들기로 했다. 얇은 실에 알파벳 비즈를 넣어 만드는 레터링 팔찌였다. 이미 다섯 개나 만들었지만, 오늘도 할 일이 없으니 하나 더 만들기로 한다. 밖에서는 빗방울이 마당을 때리는 소리가 들려왔다. 축축한 공기 사이로 아이들이 코를 고는 소리가 방안을 비집고 들어왔다. 게투와 나는 팔찌를 만들다 이내 촛불 아래서 잠이 들었다.

내일 당장 전기가 사라진다고 해도 지구가 멸망하지는 않을 것이다. 작은 배터리로 하루를 버텼던 그때처럼, 쏟아지는 빗물에 탄성을 내질렀던 그날처럼. 우리는 소박한 방법을 찾아 삶을 새롭게 메워갈 것이다. 그건 생각만큼 날벼락 같은 일이 아니었다. 오히려 평온함에 가까웠다. 전기가 없는 삶은 사람의 발자국 소리에 귀를 기울이게 했다. 천둥소리에 노래를 부르게 했다.

세상에 없으면 안 되는 것은 없다. 중요하다고 생각해온 것들마저

일상에서 비롯된 착각일 수도 있다. 그건 전기가 될 수도 있고, 다른 무언가가 될 수도 있다. 여행을 하다 보면, 이전 삶에서 필수적이었던 것들을 하나하나 잃어버리게 된다. 깨끗한 물이나 광이 나는 방바닥, 심할 때는 전기까지.

하지만 우리는 종종 불편보다는 기쁨을 느낀다. 중요하게 여겨온 것들이 사실은 착각에서 비롯되었음을 깨달았기 때문이다. 여행을 시작할 때 배낭의 무게는 나를 짓누를 정도로 무거웠다. 그 안에는 커다란 고데기와 드라이기, 좋은 브랜드의 헤어스프레이가 들어있었다. 심지어 여러 종류의 눈썹 칼, 그리고 상황에 따라 맞춰 바를 다양한 색깔의 립스틱들까지. 나는 그 무거웠던 짐들을 하나하나 버려가기 시작했다. 머리는 뜨거운 햇살에 대충 말려버렸고, 아이라인을 그리기보다는 양 볼따구에 선크림을 덕지덕지 발랐다. 크리스마스가 지나고 전기는 돌아왔지만, 내 삶을 지탱하느라 터질 듯했던 배낭은 가벼워졌다. 착각에서 벗어나기 시작한 것이다.

06

금요일에는 모스크, 일요일에는 성당에 갔다

우간다의 연말은 분주하다. 크리스마스부터 새해 첫날까지 알 수 없는 기념일들이 이어지기 때문이다. 크리스마스 그다음 날은 '복싱데이'다. 복싱데이에는 복싱을 하는 거냐고 내가 엠마에게 물었다. 그는 "Of course"를 외치며 나에게 하찮은 펀치를 날렸다. 그의 주먹을 요리조리 피하던 나도 그에게 있는 힘껏 발차기를 날렸다. 알고 보니 복싱데이는 '박싱데이'였다는 사실을 한국에 돌아와서야 우연히 알았다. 온종일 아이들과 펀치를 날리며 보냈던 하루가 떠올라 배꼽을 부여잡았다. 그날이 무슨 날이었는지는 우리에게 딱히 중요하지 않았다. 다 함께 실컷 웃을 수 있었다면 그걸로 되었던 것이다.

복싱데이 그다음 날은 바로 포크데이다. 왜 그날이 포크데이인지는 잘 모르겠지만, 포크데이에 우간다 사람들은 돼지고기를 먹는다. 그래서 리디아는 아까 친정집에 부리나케 달려갔다. 포크데이를 기념해 돼지 한 마리를 잡았다는 소식을 들었기 때문이다. 우리는 침을 꼴깍 삼키며 오랜만에 맛볼 고기를 기다렸다. 점심에 가까워진 시간에 그녀가 검은색 비닐봉지와 함께 나타났다. 봉투 안에는 체온이 남아 있는 돼지고기 몇 덩어리가 들어있었다.

우리는 고기를 손가락 한 마디 크기로 잘게 잘라 구웠다. 그리고는 은 색깔 넓적한 쟁반 위에 한가득 쌓아 올렸는데, 노릇노릇하게 익은 고기가 마치 캬라멜 팝콘 같아 보였다. 아이들은 팝콘을 집어 먹듯 맨손으로 고기를 주워 먹었다. 카툴라는 고기 맛이 좋다며 어깨춤을 췄고, 나는 오랜만에 맛보는 고기에 신이 나서 콧노래를 불렀다. 다들 허겁지겁 고기를 주워 먹느라 정신이 없던 나머지 리디야가 사라졌다는 사실도 눈치채지 못했다. 그때 카툴라가 얄미운 목소리로 소리쳤다.

"리디야는 돼지고기도 못 먹는대요! 못 먹는대요."

"아 맞다! 리디야는 무슬림이었지."

우리 집에 사는 아이들 중 절반은 성당에 다녔고, 나머지는 모스크에 다녔다. 그래서 오늘 먹는 돼지고기는 전부 성당에 다니는 아이들 차지였다. 돼지고기를 못 먹는 리디야, 그런 그녀를 놀려대는 아이들 덕분에 나는 이중생활을 누려볼 수 있었다. 금요일에는 히잡을 쓰고 리디야를 따라 모스크에 갔다. 그리고 일요일에는 아이들의 손을 잡고 성당에 나갔다.

모스크에 가는 날 나는 아침부터 노래를 흥얼거렸다. 히잡을 쓰는 일이 마음에 들었기 때문이다. 이국적인 이슬람의 문화, 그리고 아

랍어가 쓰인 모스크는 상상만으로도 심장을 뛰게 했다. 나는 리디야가 빌려준 검은색 스카프를 머리에 칭칭 감았다. 우스꽝스럽게 히잡을 쓰고는 근엄한 표정을 짓는 나를 보며 게투는 크게 웃었다. 사실 히잡을 쓰는 일에도 요령이 필요했다. 우선 스카프를 세모난 모양으로 접어 머리 위에 올린다. 그리고 양쪽 끝을 목에 칭칭 감아서 히잡을 단단하게 고정해야 한다. 나는 게투가 바르게 고쳐준 히잡을 쓰고는 모스크로 향했다.

나와 게투는 예배가 끝날 때까지 손가락으로 장난을 쳤다. 서로 귓속말을 하기도 했고, 우스운 표정을 지으며 웃음을 참기도 했다. 하지만 리디야는 우리 앞에 정갈하게 앉아서는 기도를 했다.

모스크에서 기도하는 방법은 조금 복잡했다. 입으로 기도를 내뱉는 동시에 율동 같은 동작도 따라 해야 했다. 리디야는 무릎을 꿇었다 일어나기도 했고, 손바닥을 뜨겁게 비벼 얼굴에 갖다 대기도 했다. 그 동작을 여러 번 반복하고 나서야 기도가 끝났다. 꽤 복잡한 과정이었지만 리디야는 익숙한 듯 해내 보였다.

진지하게 기도를 하는 사람은 리디야뿐만이 아니었다. 모스크에 모인 동네 사람들은 모두 눈을 감으며 "Allah"를 외쳤다. 그리고 그 복잡한 율동을 반복하면서 각자의 기도를 하늘에 올렸다. 문득 우간다에 사는 사람들은 어떤 기도를 할지 궁금했다. 음식을 베풀어 달라고 기도하는 걸까? 깨끗한 옷이나 집을 원하고 있는 걸까? 아니면 집안에 풍요를 기원하며 기도하는 걸까? 나는 집으로 가는 길에 리디야에게 물었다.

"리디야, 아까 너는 무얼 기도했던 거야?"

"특별한 건 없어. 오늘처럼 웃을 수 있는 날들을 주심에 감사하다고 했어. 그리고 앞으로도 행복한 날들이 이어졌으면 좋겠다고 바랐어."

리디야와 모스크를 다니던 나는 언젠가 한 번 크게 놀랐다. 리디야는 무슬림이었지만, 그녀의 부모님은 크리스천이라는 사실을 알았을 때였다. 그녀는 두 가지의 기도법을 알고 있었다. 우리와 모스크에 갈 때 리디야는 히잡을 쓰고 알라에게 기도를 했다. 양손을 뜨겁게 비벼 얼굴에 몇 번이고 갖다 댔고 "Allah"를 외쳤다. 하지만 리디야의 친정집에 놀러 가는 날 그녀는 다른 방식으로 기도를 했다. 두 손을 모으고 입으로 기도를 내뱉고는, 끝에 "Amen"을 붙이는 식이었다. 가족들 앞에서 히잡을 벗은 그녀는 "Allah"가 아닌 "God"을 외쳤다. 그럴 때면 궁금했다. 'Allah'에게 기도를 하는 리디야와 'God'에게 기도를 하는 리디야 중 어떤 모습이 정말 리디야의 모습일까?

그녀가 기도를 할 때마다 나는 어김 없이 질문을 했다. 방금 무엇을 기도했냐는 말에 그녀는 매번 같은 대답을 했다. 특별할 건 없다며, 그저 가진 것에 감사했을 뿐이라고 말이다. 가족들 앞에서 히잡을 벗고 기도하는 리디야와 모스크에서 알라에게 절을 하는 리디야는 같은 사람이었다. 그녀는 둘을 믿는 걸까, 하나를 믿는 걸까. 사실 그게 중요하긴 한 걸까?

나는 리디야가 한국에 태어났으면 어떤 삶을 살았을지 상상하고는 했다. 한국에 태어난 리디야는 아마 돼지고기를 먹었을 것이다. 나처럼 삼겹살에 쏘맥까지 말아먹었을지도 모른다. 하지만 그녀는 여전히 누군가를 돕는 일을 하고 있을 것 같다. 그녀가 무슬림이 되기 전, 그러니까 고등학생 때 이야기를 들은 적이 있다. 그녀는 돈이 없는 친구들을 불러 음식을 해먹이고, 교과서가 없는 친구들과 책을 나눠 썼다고 했다.

하지만 종교를 가지지 않은 리디야는 반대로 이타적인 사람이 될 필요성을 느끼지 못했을 수도 있다. 그렇다면 리디야는 이떤 일을 하고 있었을까? 리디야는 수학을 잘하니까, 나처럼 공대에 왔을 수도 있다. 그리고 평범한 친구들처럼 취업을 고민하고 있을 수도 있겠다. 이러나저러나 그녀는 여전히 사람들에게 사랑을 받는 사람일 것이다. 그렇게나 해맑은 사람은 미움이 많은 사람조차 웃음 짓게 만든다.

반대로 내가 우간다에 태어났다면 어땠을까? 종교를 가진 나는 그녀처럼 금요일마다 모스크에 나갔을 것이다. 히잡을 곱게 쓰는 방법에 능숙했을 것이며, 분명 어떤 신에게 기도를 했을 것이다. 포크데이에는 돼지고기를 못 먹는다고 누군가 나를 놀렸을 수도 있다. 그렇다면 나는 리디야처럼 웃어 보이는 대신에, 있는 힘껏 발차기를 날릴 테다.

하지만, 모든 것이 변해도 달라지지 않는 게 하나 있다. 그녀의 기도 내용처럼.

가족들 앞에서 히잡을 벗고 두 손을 모으는 리디야를 바라보았다. 모스크에 다니는 아이들도 눈을 감고 있었고, 성당에 다니는 아이들도 마찬가지였다. 그녀는 오늘도 같은 기도를 반복했다.

"오늘 같은 날들을 주심에 감사합니다. 앞으로의 삶에도 행복이 가득하길 기원합니다."

그녀의 기도를 들으며 나도 함께 두 손을 모았다. 성당에 다니는 아이들도, 모스크에 다니는 아이들도 나도 모두 같은 기도를 하고 있었다.

각자의 신에게 기도를 올리는 아이들, 그리고 리디아를 바라보았다. 색깔만 다른 우리는 들여다보면 볼수록 참 닮아있었다. 한국에서 평생을 살아온 나는 여전했다. 일말의 고민도 없이 돼지고기를 집어먹었고, 모스크에 갈 때면 손가락으로 장난을 쳤다. 우간다에서 살아온 리디야와 아이들도 여전했다. 밥을 먹기 전에는 두 눈을 감고 기도를 올렸다. 성모 마리아가 그려져 있는 십자가 목걸이를 주머니에 넣고 다녔다. 지구 반대편에서 평생을 살아온 우리의 삶은 겉으로 보기엔 닮은 구석이 단 하나도 없었다. 하지만 '복싱데이'에는 펀치를 날리며 서로 장난을 쳤다. 마당에 사는 닭들을 쫓으며 하루를 보냈다. 학교가 다시 열리길 기대했으며, 현재의 삶이 조금 더 나아지길 바랐다. 본질적인 무언가가 우리의 깊은 곳을 연결하고 있었다.

그래, 우리가 나누는 이 사랑만큼은 세상이 바뀌어도 그대로일 것이다. 영원한 것은 언제나 그대로이고, 잡다한 것들은 사라지고 달라지기를 반복할 테니 말이다.

07
우간다 시골에서 한글 가르치기

한글을 배우기 시작한 아이들 때문에 우리 집 벽지에는 남아나는 구석이 없었다. '아녕하세요.' '감사한니다.' '사이리스'와 같은 글자들이 집안 곳곳을 빼곡히 채웠다. 사이라스는 매일 나에게 한글을 가르쳐달라고 부탁했다. 우간다 시골에서 한글을 배워봤자 어디 써먹을 구석이 있나 싶기도 했다. 하지만 그는 그저 배우는 것을 즐기는 것처럼 보였다. 그래서 나는 그에게 '사이라스'라고 본인의 이름을 쓰는 법을 알려주었다. 그리고 하나, 둘, 셋, 넷… 숫자를 쓰는 방법도 가르쳤다.

한 번은 사이라스가 크게 비명을 질렀다. 그가 내 휴대폰 타자기를 봤을 때였다. 그는 원래도 커다랬던 흰자를 거의 반쯤이나 까뒤집고는 나에게 물었다.

"설마 저 'ㅅ'이랑 'ㅏ'를 합치면 '사'가 되는 거야?"

“넌 똑똑해서 바로 알 줄 알았어. 한번 써볼래?”

그는 내가 건넨 스마트폰을 병아리 만지듯 조심히 들어 올렸다. 그리고는 한 손가락으로 천천히 ‘ㅅ’과 ‘ㅏ’ 그리고 나머지 글자들을 조합해 ‘사이라스’를 완성했다.

“이이이익!”

그가 소리쳤다. 그림들이 모여 소리를 만들어내는 것이 징그럽다고 말했다. 그러면서도 사이라스는 그 징그러운 글자들을 뚫어지게 쳐다보고 있었다. 그는 다시 글자들을 조합하기 시작했다.

‘안녕하세요. 나는 사이라스입니다. 일 이 삼 사 오육칠 팔 구 십.’

“십 다음에는 뭘까? 혹시 맞춰볼래?”

“십… 십… and start from one again. 십일?”

“사이라스, 너 정말 천재 아니야?”

“십일 십이 십삼. 십사! and 이-십!”

사이라스는 한글뿐만 아니라 스페인어도 쓸 줄 알았다. 그는 내 이름인 ‘Si eun’이 스페인어로 100 그러니까 ‘Ci en’과 발음이 비슷하다는 사실도 알려주었다. 봉사자들이 찾아올 때마다 각국의 언어를 배우는 것이 그의 취미였다. 그래서 사이라스는 영어나 스페인어에는 익숙했다. 하지만 한국어를 쓰는 봉사자는 그곳에서 내가 처음이었다. 그는 매일 나에게 휴대폰 메모장을 켜주길 부탁했다. 그리고 자신이 원하는 발음들을 키보드 자판 위에서 조합했다. 사이라스는 거실을 방방 뛰어다니면서 메모장에 적힌 소리를 발음하고는 했다.

그는 다른 친구들보다 똑똑했다. 그래서 한글을 배우는 것에도 큰 흥미를 가졌다. 하나를 알려주면 열을 안다는 말은 그를 두고 하는 말이었다. 보통 아이들보다 총명했던 그는 배움에 재미를 느꼈다. 공부를 향한 그의 열망을 보고 있을 때면 가끔은 마음이 아팠다. 이렇게나 똑똑한 아이가 제대로 된 교육을 받지 못한다는 사실이 안타까웠다. 사이라스가 한국에 태어났다면 어떤 사람이 되었을까 상상해 본 적도 있다. 똘똘하다고 선생님들의 사랑을 독차지했을지도 모른다. 혹은 미래에 잘 나가는 언어학자가 되었을지도 모르는 일이다.

그런 사이라스의 손을 잡고 있자니, 그리고 이 가난한 마을을 보고

있자니, 덜컥 욕심이 올라왔다. 사이라스가 더 넓은 세상으로 나아갔으면 하는 마음이었다. 사이라스가 공부를 열심히 해서 대단한 사람이 된다면 좋을 텐데. 그의 미래가 이 작은 마을에 멈추는 것이 싫었다. 사이라스가 커다란 꿈을 마음에 품는다면, 더 넓은 세상으로 나아갈 기회를 언젠가 잡을 수 있지 않을까 생각했다.

결국, 나도 모르게 "사이라스는 꿈이 뭐야?"라는 말을 뱉어버렸다. 그토록 싫어했던 질문을 누군가에게 해버린 것이다. 그것도 재촉하는 말투와 함께.

나에게 꿈이 무엇이냐고 물어보던 어른들의 마음을 이제야 알았다. 나는 오랫동안 꿈이 무엇이냐는 질문을 싫어했다. 은연중에 공부와 성공을 강요당하는 것처럼 느꼈기 때문이다. 하지만 아이가 넓은 세상으로 나아가길 바라는 마음은 당연한 것이었다. 나는 어렸기 때문에 어른들의 사랑을 이해하지 못했다. 아이를 사랑하면 어쩔 수 없이 그런 마음이 드는 것이었다.

결국, 나조차도 무엇이 될지 모르겠으면서 아이에게 주제넘은 말을 해버렸다.

"사이라스, 조금 커다란 꿈을 가져봐. 이 마을보다 더 큰 세상으로 나아갈 수 있는 꿈. 너는 충분히 그럴 수 있는 사람이야."

다시 우간다로 돌아가게 되더라도, 나는 아마 같은 실수를 내뱉을 것이다. 누군가가 빛나길 원하는 마음이야말로 사랑의 시작이기 때문이다.

08
언제 어디서나 춤을 추는 사람들

춤을 추는 건 부끄럽다. 게다가 이렇게나 많은 사람 앞에서, 난잡한 노래에 맞춰 춤을 추라니. 당장이라도 도망치고 싶었다. 하지만 나를 제외한 모두가 터질 듯한 스피커 앞에서 몸을 흔들고 있었다. 게투는 춤을 추는 동안 입술을 쭉 내밀고는 새침한 표정을 지었다. 마치 티비에 나오던 배우를 보는 것 같았다. 사이라스는 주먹 쥔 손을 하늘 높이 올리고는 골반을 유연하게 움직였다. 다들 정해진 동작 없이 자신만의 춤을 추고 있었다. 쉽게 말하자면 막춤이었다.

저 빵빵 터지는 스피커는 불과 이틀 전에 살려낸 고물이다. 뙤약볕 아래 파라솔을 하나 쳐두고는 납땜을 하던 할아버지가 소생시킨 괴물. 우리는 무려 세 시간 동안이나 땀을 뻘뻘 흘리며 전선의 배합이 요리조리 움직이는 것을 관찰했다. 마침내 끊어졌던 빨간 선 하나가 붙더니, '직!' 하는 소리와 함께 스피커에서 음악이 터져 나왔

다. 그 스피커가 되살아난 이후로 우리 집 거실에는 음악 소리가 끊이지 않았다. 아이들은 아침 댓바람부터 음악을 쩌렁쩌렁하게 틀어놓고는 춤을 추었다.

흥 많은 춤꾼들은 나를 한시도 가만히 내버려 두지 않았다. 부끄럼쟁이였던 나는 매일 곤혹스러운 시간을 견뎌 내야 했다. 신이 난 아이들은 춤을 출 때마다 내 이름을 크게 불렀다. 그 거대한 춤판 위로 나를 끌어들이려고 애를 쓰던 것이다. 그럴 때면 나는 한껏 손사래를 치며 잔뜩 무르익은 분위기에 찬물을 끼얹었다. 그 괴물 같은 스피커에 홀린 아이들은 나를 항상 재촉했고, 그럴 때마다 나는 쏜살같이 침대 위로 줄행랑을 쳤다.

그 고물 스피커는 집 밖에서도 나를 괴롭혔다. 춤을 좋아하는 우간다 사람들은 찢어진 옷을 입을지언정, 커다란 스피커 하나쯤은 꼭 가지고 산다. 겉은 괴물같이 생겼어도 음질만큼은 빵빵한 스피커가 마을 여러 곳에 있었다. 그래서 사람들은 마당에서 결혼식을 할 때도(한 번 결혼식에 초대받은 적이 있었다. 식장을 가득 채운 사람들은 무려 네 시간 동안 춤만 췄다. 해가 져도 춤판은 끝나지 않았다. 날벌레가 꼬이는 커다란 조명 아래서도 신부는 드레스 끝자락을 부여잡고는 혼신의 춤을 추었다.) 생일파티를 할 때도, 심지어 평소에도 이유 없이 음악을 크게 틀어놓았다. 그래서 아이들은 거리에서 아무 때나 춤을 췄다.

학교 앞에 지어진 작은 오두막에서 음악이 흘러나오고 있었다. 역시나 마을 아이들은 그곳에 모여서 춤을 추고 있었다. 맨발로 방방 뛰어다니는 아이들 사이로 황토색 모래가 일어났다. 공기가 온통 뿌예질 정도로 강렬한 춤판이었다. 아이들은 깊은 곳에서부터 터져 나오는 '흥'을 온몸으로 표출하고 있었다. 그 조그만 몸뚱이에서 멋스러움이 쏟아져나왔다. 그들의 우렁찬 영혼이 작은 몸에 갇혀있는 게 아쉽다는 생각마저 들었다.

그때였다. 저만치서 넋이 나간 표정으로 서 있는 나에게 아이들이 소리쳤다.

"Muzung-gu, Muzung-gu! come and dance with us. (거기 백인! 이리로 와 같이 춤추자.)"

하지만 나는 오늘도 신명 나는 분위기에 찬물을 끼얹어야 했다. 당혹감을 감추기도 전에 얼굴이 새빨개졌다. 나는 있는 힘껏 고개를 저었다. 양손으로 손사래를 치며 한사코 그들의 제안을 거절했다. 아이들이 내 손목을 잡고 춤판 위로 나를 끌어당기진 않을까 겁이 났다. 그래서 거절을 하는 동시에 슬금슬금 뒷걸음질을 쳤다. 우스꽝스러운 춤을 선보이며 멋쩍게 웃는 내 모습을 상상하니 등줄기에 식은땀이 흘렀다. 그들의 에너지를 따라가기에 나는 너무나도 소심했다.

그 괴물 스피커는 엠마의 봉고차에도 하나 달려있었다. 우리는 스피커에서 빵빵하게 흘러나오는 음악을 들으며 어두운 골목길을 달리고 있었다. 오늘은 리디야 부모님의 생신이다. 아이들과 내가 평소보다 신이 나 있던 이유도 그 때문이었다. 카툴라는 생일파티를 위해 구매한 '소다'를 품에 쏙 안고서는 노래를 불렀다. '소다'라고 불리는 탄산음료는 이곳에서 귀한 음료였다. 마을 아이들이 외국인을 볼 때면 꼭 소리치는 단어가 바로 소다였다. 게다가 우리는 작은 케이크도 준비했는데, 며칠 전 동네 주민에게 부탁해서 만든 것이었다. 아이싱이 올라간 그 케이크는 한국의 빵과는 비교할 수 없을 정도로 딱딱했다. 하지만 설탕 맛이 귀했던 진자에서는 벽돌처럼 딱딱한 케이크마저 소중한 음식이었다.

모두 달달한 음식을 맛볼 생각에 잔뜩 부풀어 올라 있었다. 우리

는 소다와 케이크를 품 안에 한가득 안고는 스피커에서 흘러나오는 노래를 따라 불렀다. 나도 아이들과 함께 목청껏 노래를 불렀다. 나는 이즈음 우간다에서 유명한 노래를 전부 다 알고 있었다. 이곳 사람들이 얼마나 노래를 많이 듣는지, 나마저도 모든 노래의 가사를 외울 정도였다.

얇은 달이 겨우 뜨던 밤이었는데 거리에는 가로등마저 없었다. 그 어두운 골목길을 달려가는 봉고차 한 대에 우리 가족 열댓 명이 전부 타고 있었다. 우리들의 노랫소리는 낡은 봉고차의 창문을 뚫고 나와 거리를 쩌렁쩌렁 울려댔다. 어둡고도 초라한 비포장도로 위가 우리들의 목소리로 가득 차올랐다. 바로 이 순간 세상에 존재하는 건 낡은 스피커와 우리들의 노랫소리뿐이었다.

벌써 열 곡 정도를 쉴새 없이 열창했을 때, 끼익! 차가 멈춰섰다. 리디아의 집 앞이었다. 마당에 서 있던 소 한 마리가 우리를 보더니 화들짝 놀랐다. 아무래도 창문을 열기 전부터 터져 나오는 스피커 소리에 귀가 먹먹해졌던 것 같다. 엠마의 봉고차는 마치 커다란 스피커처럼 음악을 토해내고 있었다. 결국, 그 고물 덩어리는 리디아의 집 앞마당을 콘서트장으로 만들었다. 아이들은 차가 멈춰서도 노래를 멈추지 않았다. 게투는 여전히 악을 쓰면서까지 고음을 열창하고 있었다. 우리를 반기러 뛰쳐나온 그녀의 가족들도 덩달아 신이 나 보였다. 그들마저 스피커 소리에 맞춰 춤을 추기 시작했다. 그렇게 질리지도 않는 춤 파티를 또 시작했다.

아직 소다를 까지도 않았고, 초를 불지도 않았는데 가슴은 왜인지 콩닥거렸다. 목청껏 노래를 불렀던 탓인지 내 안에서 두근대던 흥 기운이 멈출 타이밍을 놓친 것 같았다. 오늘 밤은 나도 함께 춤을 추고 싶다는 생각이 들었다. 나를 춤판으로 끌어당기는 아이들의 목소리가 들려왔다.

나도 아이들을 따라 어깨를 흔들기 시작했다. 춤판의 한가운데로

다가가면서 리듬을 탔다. 아줌마들이 돌잔치에서나 추었을 법한 스텝을 따라 밟기도 했나. 나는 게투와 양손을 부여잡고 하늘까지 방방 뛰다가는, 리디아와 어깨동무를 하고 좌우로 몸을 흔들었다. 누가 말해주지 않아도 알았다. 나는 지금 정말 우스워 보인다는 것을. 세상에 이런 망측한 춤이 다 있나 싶었다. 춤을 추는 내내 부끄러워 속 안이 어지러웠다. 이마에서는 땀이 삐질삐질 흘렀다.

어설픈 춤을 누군가에게 보여주는 일은 부족한 나를 꺼내 보이는 것과 같았다. 춤을 춘다는 것은 완전하지 않은 나를 남들에게 고백하는 것이었다. 이제야 알 것 같았다. 나는 연약하고 완벽하지 못한 모습을 아이들에게 들키고 싶지 않았던 거구나. 그래서 부끄럽다는 이유를 핑계로 나를 숨겨 온 것이었다.

하지만 아이들은 나의 엉성한 춤을 장난으로도 비웃지 않았다. 게투는 내 손을 꼭 잡은 채로 나와 눈을 마주쳤다. 사이라스는 나의 동작을 따라 하며 춤을 추기도 했다. 내가 춤을 잘 추는지 못 추는지, 그건 아이들에게 아무런 문제가 아니었다. 그들에게 중요한 건 지금 우리가 부르는 이 노래와 함께 맞잡은 두 손뿐이었다. 그날부로 나는 매일 아침 거실을 점령하는 댄서가 되었다. 그 괴물 같던 스피커에도 애정을 가지기 시작했다.

나는 우간다를 떠나는 그날까지 춤추기를 멈추지 않았다. 여전히 부끄러움이 많았고, 춤에는 영 재능이 없었다. 달라진 것이라고는 단 하나뿐이었다. 부족한 모습을 보여도 아이들은 나를 판단하지 않는다는 사실을 알았다는 것이다. 자신을 있는 그대로 받아줄 사람만 있

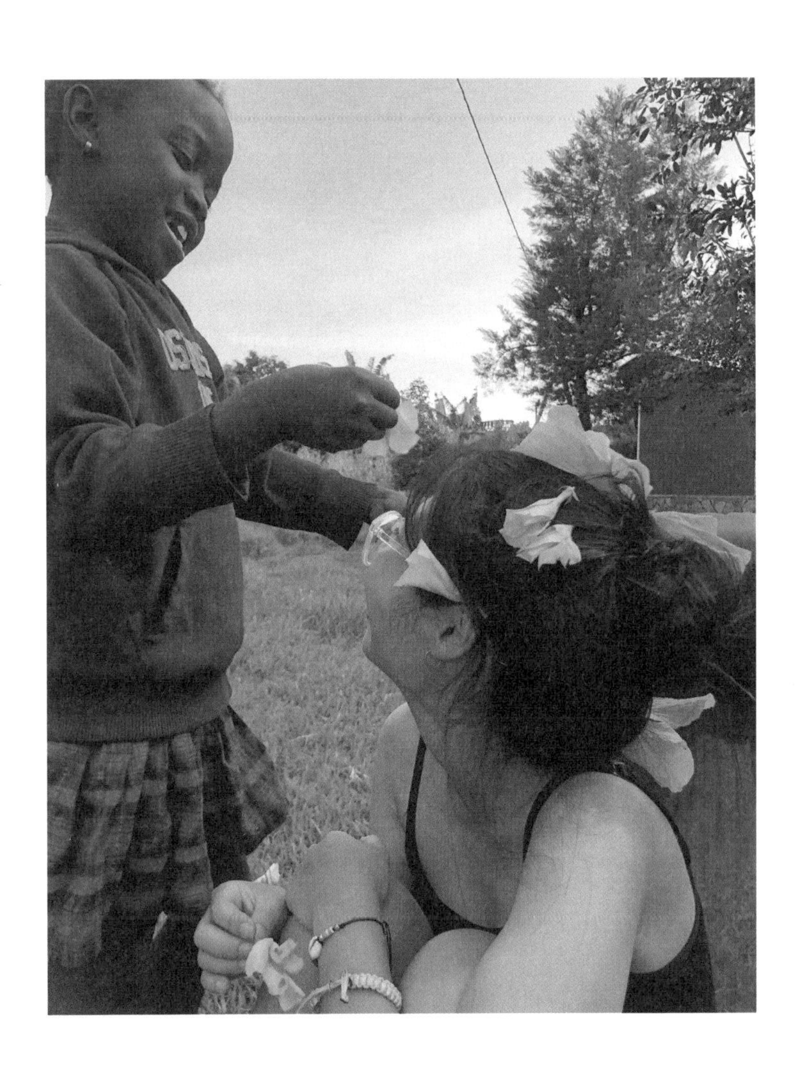

다면, 우리는 모두 솔직한 사람이 될 수 있다. 그때부터 나는 아이 같은 어른이 되기를 간절히 꿈꾸기 시작했다.

09
허름한 티셔츠를 걸쳐도 괜찮은 삶

우중충한 하늘 아래에서 엠마의 차를 타고 숲속을 달리고 있었다. 그의 본가로 향하는 길이었다. 차에서 들은 사실인데, 그의 부모님은 엄청난 부자라고 했다. 그래서 시골 출신인 리디아가 엠마와 결혼했다는 사실을 못마땅해한다고 들었다. 귀한 자식을 대학까지 보내 놓았더니, 가난한 마을에서 리디아와 함께 학교나 짓고 사는 게 영 시원치 않았던 모양이다. 아무튼, 엠마의 사촌 누나가 학위를 땄다고 들었다. 그래서 오늘 엠마의 집에서 성대한 파티가 열릴 예정이다. 나는 맛있는 음식을 얻어먹을 생각에 신이 나서 헐레벌떡 그를 따라나섰다.

커다란 저택에 잘 다듬어진 잔디가 보였다. 마당을 둘러싼 오렌지 나무들이 빼곡했다. 나는 탱탱한 오렌지 몇 개를 따서 우걱우걱 씹어먹었다. 아프리카 남부의 진한 햇살을 머금은 오렌지는 정말 달았다. 게다가 여전히 초록색을 띠는 오렌지마저 떫지 않았다. 나는 새콤한 오렌지를 한입 가득 욱여넣고는 무대 앞에 마련된 좌석에 앉았다. 그리고 의자 아래 방금 딴 오렌지 세 개를 숨겨두었다. 일종의 비상식량이었다. 파티가 시작되기도 전에 배가 고파왔기 때문이다.

축사는 두 시간이 넘도록 끝나지 않았다. 처음에는 발끝까지 질질 끌릴 만큼 기다란 수단을 입은 신부님이 나와 기도를 했다. 그리고 그의 우렁찬 목소리에 따라 다 같이 영어로 된 찬송가를 불렀다. 성스러운 예배 시간이 끝나자, 신부님은 엠마의 사촌 누나가 얼마나 대단한 학위를 따낸 것인지에 대해 설명했다. 그녀의 부모님은 감격에 겨워 눈물을 흘리기도 했다. 그리고 신부님은 파티에 참석한 이들의 이름을 불렀다. 호명될 때마다 수줍게 일어서는 사람들의 얼굴을 하나하나 구경하다가는 나는 이내 코를 골았다. 가뜩이나 알아듣기 어려운 아프리칸 영어에 집중하느라 진이 쏙 빠져 버린 것이다. 마치 영어 듣기 평가를 두 시간 내내 듣는 것만 같았다.

그날따라 우중충했던 날씨가 때마침 행운을 불러왔다. 오전부터 하늘을 가득 메우던 먹구름이 거센 바람을 일으켰다. 머리 위로 설치된 푸른색 간이 천막들이 바람에 도미노처럼 무너져내렸다. 무대 위에 서 있던 신부님은 벙찐 표정을 했다. 천막 아래 앉아있던 사람들은 비명을 질렀다. 지루한 축사 자리에서 도망치기에 딱 좋은 타이밍이었다. 나는 옆에서 덩달아 하품을 하던 리디야의 손을 잡고 잽싸게 집 안으로 들어왔다. 하지만 그곳에는 이미 많은 사람이 모여있었다. 축사가 지루했던 건 우리뿐만이 아니었던 것 같다.

축축한 날씨 때문일까? 그날따라 공기의 진동이 유독 예민하게 느껴졌다. 우리가 집 안에 들어서자마자 그곳의 분위기가 차갑게 식었다. 웃으며 대화를 하던 사람들은 수다를 멈췄고, 몇몇은 우리를 흘겨보았다. 멋쩍은 미소와 함께 "Hello"라고 인사하는 리디야에게 그 누구도 대답을 하지 않았다. 모두가 우리를 철저하게 무시하고 있었다. 얼어붙은 리디야를 등진 그들은 자신들만의 대화를 이어갔다.

리디야는 그들의 뒷모습을 바라보며 씩씩거렸다. 그리고는 목소리를 높여 나에게 말했다. 알고 보니 우간다의 상류층은 가난한 사람들과 대화를 하지 않는다는 것이다. 게다가 그들은 자국어인 '루소카'를 쓰지도 않으며 영어로만 대화를 나눈다고 했다. 그래서 축사가 마치 영어 듣기 평가처럼 지루했던 것이었다. 리디야는 엠마의 가족들과 실제로 말을 섞어본 적이 없었다고 고백했다. 오늘 이 파티의 일정마저 모두 문자로 통보받았다고 한다. 나는 그녀의 어깨를 토닥이며 그들을 노려보았다.

그 무리에는 여섯 명 정도가 있었다. 그중 한 여성은 보기 드문 생머리를 자랑했다. 흑인들의 빳빳한 곱슬머리를 펴는 데에는 많은 돈과 시간이 필요하다는 사실을 알고 있었기에 유난히 그녀의 머리가 돋보였다. 길게 연장된 핫핑크색 인조손톱을 보니, 그녀는 주기적으로 머리와 손톱을 관리받는 것 같았다. 또 그 옆에 서 있는 남성은 아이폰을 꺼내 보였다. 우간다에서는 보기 드문 그 비싼 물건 말이다. 그들은 분명 우간다에서도 상위 몇 프로에 드는 부자임에 틀림없었다.

화가 난 리디아가 자리를 뜨자 그들은 나에게 관심을 보이기 시작했다. 늘어난 흰색 티에 슬리퍼를 신고 있던 나는 어색한 미소를 지었다. 멀끔하게 차려입은 그들이 나를 달리 판단하는 게 아닐까, 순간 걱정이 되어서였다.

"한국에서 왔다고 했죠? 그 주변 나라인 일본은 한번 가 봤는데…."

최신 아이폰을 자랑하던 그가 나에게 말했다.

"일본 좋죠. 관광하기에 정말 괜찮은 나라인 것 같아요."

내가 대답했다.

"도쿄에 있는 사람들은 패션도 좋더라고요. 다들 옷 입는 방법을 잘 아는 것 같았어요. 그나저나 이 여자도 옷에 관심이 참 많아서요. 다음에 한 번 같이 가면 좋을 텐데 말이죠."

그가 옆에 서 있던 핫핑크색 손톱을 가진 여자를 슬그머니 쳐다봤다. 그의 여자친구처럼 보이는 그녀는 나를 보며 어깨를 으쓱했다. "아, 그러게요. 참 멋지네요."라고 말하면서도 도통 어디에 눈을 두어야 할지 몰랐다. 그녀의 꽃무늬 치마는 난해했으며, 손톱 색깔마저도 촌스러웠다. 하지만 우간다에서 그녀의 패션은 '유행'에 가까운 스타일이라고 후에 리디아가 말해줬다.

리디아는 그들의 몸에 치렁치렁 감겨있는 옷들을 질투했다. 특히 그녀의 꽃무늬 치마를 부러워했다. 그들 앞에서는 꿀 먹은 벙어리였던 리디아가 파티가 끝나고는 쌓아뒀던 말들을 구시렁거렸다. 부자들은 가난한 마을에 있는 아이들이 어떤 옷을 입고 살아가는지 모른다느니, 저 치마가 우간다 돈으로 얼마냐느니 하는 말을 늘어놓았다.

하지만 리디야는 내심 그들의 삶을 동경했다. 파티가 끝나고 집으로 돌아오는 차에서 부자들의 삶을 질투하는 말들을 귀에 딱지가 앉도록 들어야 했다. 함께 시장에 장을 보러 갔을 때는 그 꽃무늬 치마와 비슷한 치마를 발견한 적도 있었다. 리디야는 실컷 욕했던 그 치마를 여러 번 들어보면서 고민을 했다. 그러다가는 고아원의 아이들이 떠올랐는지 아쉬운 눈망울을 하며 그것을 내려놓았다.

리디야의 그런 봉사정신 덕분에 우리 고아원에 사는 아이들은 마을 아이들의 부러움을 샀다. 봉사자들의 후원을 받는 우리 집 아이들은 늘 찢어지지 않은 바지를 입었다. 그리고 내가 사준 새 슬리퍼를 신었다. 얼굴이 온통 코 범벅이 된 아이들은 비교적 깔끔해 보이는 우리 집 아이들을 부러워했다. 모두 리디야가 잘 만들어 놓은 후원 시스템 덕분이었다. 그녀의 지극한 정성 덕분에 우리 고아원은 마을 사람들이 부러워하는 집이 되었다.

집으로 돌아오니 아이들은 TV 앞에 앉아있었다. 간헐적으로 전기가 들어오는 아주 짧은 순간이었다. 모두가 신이 나 보였다. TV에는 우간다 가수의 뮤직비디오가 나오고 있었다. 레게머리를 한 흑인이 커다란 보석이 박힌 선글라스를 끼고 랩을 했다. 그 옆에 서 있는 엉덩이가 산만 한 여자는 자신의 하반신을 카메라에 대고 과시했다. 그리고 TV 속 남성을 매혹했다. 뮤직비디오가 끝나고 나오는 광고에는 엉덩이 보형물이 소개됐다. 방금 전 티비 속 여성처럼 엉덩이를 커다랗게 만드는 시술에 사용되는 보형물이었다. 게투는 그런 광고를 보며 자신도 커다란 엉덩이를 가지고 싶다고 말했다. 본인의 스키

니한 몸보다 그녀의 엉덩이가 더 예쁘다고 했다. 하지만 나는 오히려 게투의 몸을 부러워했다. 저녁밥을 잔뜩 먹어도 뱃살 하나 나오지 않는 게투의 체형을 닮고 싶었다.

이제야 모든 것이 이상해 보이기 시작했다. 나는 처음으로 사회 밖으로 나와 그 안을 들여다보는 경험을 했다. 물질의 가치는 자신이 속한 사회에 의해 해석된다. 우리에게 지루하기만 한 긴 생머리가 우간다에서는 부의 상징이다. 촌스럽던 그 꽃무늬 치마는 리디아의 질투를 샀다. 구멍 난 옷을 입고 맨발로 거리를 서성이던 아이들은 고아원에 사는 아이들을 부러워했다. 우리 집 아이들은 내가 사준 싸구려 슬리퍼를 매일 정성스레 닦았다. 새 신발에 먼지가 한 톨 앉는 것조차 용납하지 않았다. 게투는 엉덩이가 큰 여자를 선망했지만, 나는 게투의 몸을 부러워했다. 모두가 하나의 가치를 두고 자신이 속한 사회의 시선대로 해석하고 있었다.

사회가 물질에 부여하는 가치는 엄청난 힘을 가진다. 그 힘은 한낱 꽃무늬 치마에 질투를 불어 넣는다. 그 흔한 스마트폰 하나에 시기를 불러일으킨다. 누군가에게는 실체 없는 박탈감을 선사한다.

하지만 사회적 가치는 시간과 공간의 제약을 받는다. 그녀의 꽃무늬 치마를 촌스럽다고 생각했던 나처럼 말이다. 사회가 대상에 부여한 가치는 일시적이다. 잠깐 그곳에 존재했다가 결국에는 빛을 잃고 사라져 버린다.

나는 이제까지 손아귀에 꽉 쥐어온 가치들을 하나하나 살펴보기 시작했다.

내 방 옷장 속 가득했던 옷들이 생각났다. 유행에 맞춰 색깔별로 모아뒀던 원피스들, 기분에 따라 충동적으로 구매했던 가방들, 한때 애정을 들였던 빈티지 옷들까지. 그중에는 애지중지 모셔뒀던 비싼 브랜드의 로고가 박힌 옷들도 있었다. 나는 한때 그 옷가지들에 목을 맬 정도로 열광했다. 그리고 일 년 단위로 옷들을 쓰레기통에 처박았다. 유행에 맞는 옷을 사서 옷장을 다시 가득 채웠다. 하지만 이곳 우간다에서 그 옷가지들은 아무런 가치를 갖지 못한다. 촌스러운 꽃무늬 치마가 아닌 이상, 그 커다란 로고가 달린 옷들마저 시장에서 파는 옷들과 다를 게 없다.

다양한 종류의 원피스들, 그것은 대체 나에게 무엇이었을까. 그 옷들은 정말 아름다운 것들이었을까? 꽃무늬 치마처럼 우스꽝스러운 것은 아니었을까. 그렇다면 대학 입학증은 나에게 무엇이었을까. 학창시절 끈질기게 지켜냈던 특별반의 책상은 나에게 무엇이었을까. 나무로 대충 덧댄 그 낡은 책상이 나에게 대체 무엇이었을까. 나는 고작 그 책상 하나에 박탈감과 우울감을 느꼈고, 3년 내내 잠을 제대로 자지 못했다. 그건 정말 그 정도의 가치를 가질 만한 것이었을까. 새벽같이 일어나 올라탔던 지하철, 그 안에 콩나물처럼 가득 찼던 사람들과 나. 우리는 모두 퀭한 눈빛을 하고 어디로 향하고 있던 것일까. 모두가 맹목적으로 향하고 있는 그 가치는 일시적인 것일까, 영원한 것일까.

나는 그동안 누군가에게 조종당하듯 타인을 부러워하고 있었다.

이제야 내 안에 가득 찼던 시기의 감정들을 되돌아본다. 옷을 가지고 또 가졌음에도 남들의 옷을 질투하던 그 마음을 떠올려 본다. 그 질투는 나의 감정이 아니었다. 나를 둘러싼 사회의 것이었다. 성적이 높은 친구를 바라보며 느꼈던 그 박탈감도 나의 것이 아니었다. 세상의 것이었다. 퀭한 눈동자를 하고 영문 모를 학위를 위해 학교로 향했던 그때의 나는, 사회의 가치를 위해 달리고 있었다. 일시적으로만 존재할 그 가치를 위해 정신없이 살아가고 있던 것이다.

이제는 사라지지 않는 가치를 따라가고 싶다. 시간이 흘러도 사라지지 않는, 세상 어느 곳에 있든 유효한 그것은 바로 나만의 가치이다.

허름한 티셔츠를 대충 걸쳐도 괜찮다. 그게 내가 좋아하는 옷이라면 상관없다. 공부를 못해도 괜찮다. 무엇보다 '나'를 알아가는 게 먼저니까. 돈을 조금 못 벌어도 괜찮다. 부자들보다 많은 시간을 자유롭게 사용할 수 있으면 된다. 하루는 수업을 빼먹고 멀리 놀러 가도 괜찮다. 그 하루가 수업보다 더 중요하다면 분명 그렇게 해야만 한다. 타인을 바라보며 박탈감을 느껴도 된다. 내가 진실로 원하는 자격에 대한 박탈감이라면 괜찮다. 무언가를 질투해도 괜찮다. 미적인 아름다움이 아닌 지혜에 대한 질투를.

나는 이제 내 안의 가치들을 따라 살아가기로 한다. 스스로가 정한 가치에 따라 살아가는 삶이야말로 영원히 빛날 수 있는 삶이다.

10
카툴라의 약속

사라진 막내를 발견한 곳은 다름 아닌 나무 위였다. 카툴라는 이웃집 마당에 우뚝 서 있는 나무 위에서 초록 색깔 열매를 따고 있었다. 휘둥그레진 눈을 한 내가 그에게 소리쳤다.

"카툴라!"

흠칫 놀란 카툴라는 나무 꼭대기에서 위태롭게 흔들렸다. 동시에 초록 색깔 열매 하나가 바닥으로 뚝하고 떨어졌다. 나무 아래는 족히 열 개 정도는 되어 보이는 열매들이 있었다. 모두 카툴라가 딴 열매였다. 그는 곧장 중심을 잡고는 매미 자세를 하고 나무에 꼭 달라붙었다. 잔뜩 심술이 난 카툴라가 나무 아래로 소리쳤다.

"이건 서프라이즈였단 말이야!"

초록색 열매는 나를 위한 선물이었다고 했다. 왜 그런가 했더니 며칠 전 우리가 나눴던 대화 때문이었다. 내가 하늘 높이 달린 초록색

열매를 가리키며 그에게 열매의 이름을 물어본 적이 있었다. 카툴라는 자신도 열매의 이름은 알지 못한다고 했다. 그리고는 나에게 무심히 질문을 던졌다.

"저게 뭔지 궁금해?"

그렇다고 말하는 나에게 그는 이렇게 말했다.

"그럼 내가 나중에 따다 줄게."

그가 자신의 조그만 알통을 드러내 보이며 나를 향해 씩 웃었다. 그 뒤로 나는 카툴라의 약속을 까먹어버렸다. 그야 그럴 것이, 저렇게나 높은 나무 위에 올라갈 사람이 있을 거라고는 상상조차 하지 못했다. 그래서 그의 말을 그저 장난으로만 생각했었다.

언젠가부터 애매한 미래를 기약하는 일은 약속이 아니게 되었다. 나에게 약속이란 순간에 머무는 진심 정도였다. 그래서 지키지 못할

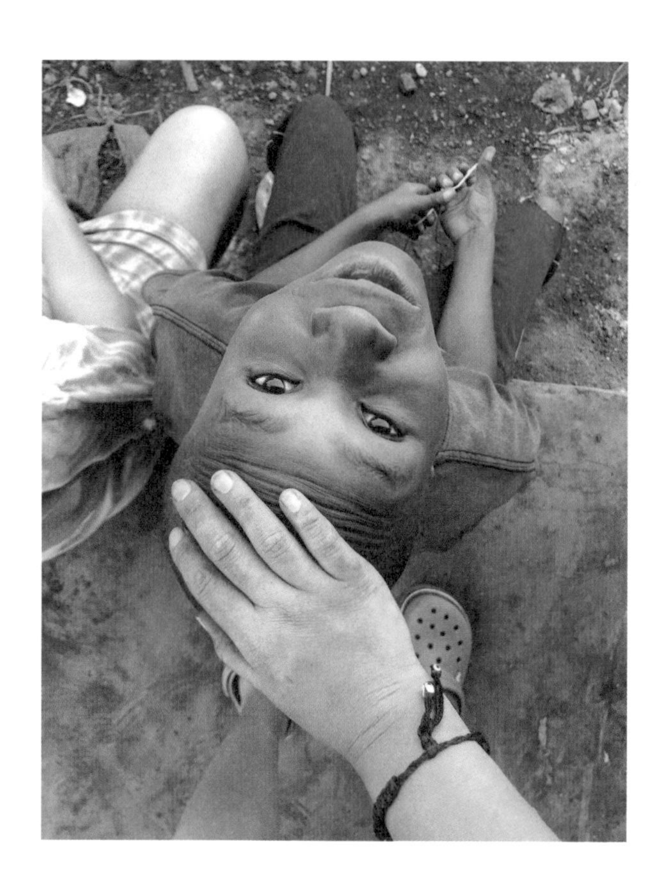

말들을 쉽게 내뱉곤 했다. 나중에 그곳에 가볼 거라는 말, 죽기 전에는 도전해 볼 거라는 말, 이번에는 정말 다를 거라는 말, 나중에 꼭 다시 만나자는 말도. 습관처럼 내뱉고 가볍게 흘려보냈다.

물론 타인의 말에도 기대를 걸지 않았다. 밥 한번 먹자는 말에 목을 매는 사람은 없는 것처럼 말이다. 하지만 카툴라는 자신이 뱉은 말을 열매 하나까지 주워 담는 사람이었다. 그는 무심코 던진 말의 끝을 찾아가서는 매번 나를 부끄럽게 했다. 그런 사람은 헛된 말을 삼키게 한다. 턱 끝까지 올라온 포장된 말도, 애매한 말도 모두 꿀꺽 삼키게 한다.

그래서 내가 떠나던 그날, "언제 다시 돌아올 수 있어?"라는 카툴라의 질문에 모르겠다고 대답했다. 한 달짜리 비자가 끝나는 날이었다. 오랫동안 침대 아래 묵혀뒀던 배낭을 꺼내는 나에게 카툴라가 다시 물었다.

"이집트에 갔다가 여기로 다시 돌아오면 안 돼?"

그의 시선은 낯선 배낭 위에 있었다. 카툴라의 눈빛을 보고 있자니 순간적으로 거짓말이 올라왔다. 금방이라도 다시 돌아올 사람처럼

대답하고 싶었다. 분명 그럴 수 있을 거라는 착각마저 들었다. 하지만 꾸역꾸역 그 모든 말들을 목구녕 아래로 삼켰다. 결국, 나는 그에게 그렇게 빨리 돌아오지 못할 것 같다고 대답했다. 언젠가 다시 만나자는 말도 삼켰다. 언제가 될지도 모르는 날까지 그는 분명 마당 앞을 서성일 것 같았다. 대신 이렇게 말했다.

"아직 가야 할 곳이 많이 남아 있어."

여정의 시작점에서 뱉은 말이 있다. 나를 닮은 무언가를 만날 때까지 여행을 멈추지 않을 거라던 말. 나는 그 말의 끝을 따라가고 싶었다. 카툴라의 열매처럼 휘청거려도 소중하게 주워 담고 싶었다.

한 달여 만에 다시 배낭을 들었다. 짐을 아무리 덜어내도 무겁기만 한 배낭이 무심코 뱉어낸 말들의 업보처럼 느껴졌다. 까마득하고 끝이라고는 보이지 않는 길이 펼쳐져 있었다.

나를 둥그렇게 에워싼 가족들에게 차례로 포옹을 했다. 리디아, 엠마, 카툴라, 위키, 사이라스, 게투. 한 명 한 명 끌어안으며 생각했다. 이 포옹이야말로 지금으로서 지킬 수 있는 유일한 진심이라고. 대문을 벗어난 나는 엠마의 차로 무거운 걸음을 옮겼다. 공항으로 가는 내내 넓게 펼쳐진 황토색 모래와 바나나 나뭇잎들을 바라보았다. 그리고는 차마 내뱉지 못했던 말들을 머릿속으로 되뇌었다.

'카툴라, 나도 너 같은 사람이 되었을 때 돌아올게. 열매도 한가득 따서 말이야.'

세상 어딘가에는 분명히 존재하겠지, 나를 닮은 그 무언가가. 아직 나의 시선이 닿지 못한 곳에서 빛나고 있을 것이다.

Chapter 03

책상 밖, 펼쳐진 색깔들

: 이집트

01

세상의 언어를 잊고 싶다면 바다로 가라

물의 무게는 몸을 둔하게 한다. 있는 힘껏 발버둥 쳐도 조류의 힘을 이길 수 없다. 물의 깊이는 색깔을 차별한다. 깊은 바닷속에는 어둠과 산호초의 형체뿐이다. 물의 밀도는 소리를 집어삼킨다. 긴박한 상황 속에서도 비명 따위는 쓸모가 없다. 그래서 나의 비명도 꼬륵꼬륵 공기 방울이 되어 하늘 위로 날아가고 있었다. '살려주세요!'

내 위로는 삼십 미터만치의 바닷물이 있다. 공기보다 무거운 물의 압력 때문에 귀 고막이 터져버릴 것만 같다. '삐-' 하는 소리와 함께 색깔을 잃은 산호초들이 눈앞에서 빙그르르 돌아가고 있었다. 난생처음 겪어보는 고통에 소리를 질렀지만, 바닷속에서 비명은 쓸모가 없었다. 공기보다 짭짤한 바닷물의 밀도는 소리가 닿는 거리를 대폭 줄여버린다. 그래서 바다에서는 다이버의 언어가 필요하다. 소리가 들리지 않는 물속에서 다이버들은 수신호로 대화를 한다.

나는 바다에 뛰어들기 전 강사님이 그토록 강조했던 수신호를 머릿속으로 되새겼다. 그리고 강사님의 팔목을 움켜쥐었다. 그와 눈을 마주치고는 최대한 불쌍한 눈망울을 만들어 보였다. 이제야 수신호를 써먹을 때가 왔다. '나… 귀. 아파요. 올라갑시다….' 이 긴박함과 찢어질 듯한 고통을 고작 수신호 하나로 표현하다니. 고통에 비해 표현이 소박하다.

오늘부로 며칠째인지도 까먹었다. 다들 쉽게만 해내는 초급 과정에 몇 주 동안 애를 먹고 있다. 물과 상극인 삶을 살아온 내가 '다이빙'에 목숨을 거는 이유는 이곳이 바로 이집트 다합이기 때문이다. 세상을 성공으로 해석한 곳이 한국이라면, 세상을 다이빙으로 해석한 곳은 다합이다. 이곳은 전 세계의 다이버들이 모이는 동네이다.

매년 다이빙 챔피언들이 찾아오는 곳이며, 새로운 다이버들을 만들어 내는 '다이빙 마을'이다. 그래서 다합에 있는 여행자들은 모두 다이버이다. 강사부터 아마추어까지 다이버의 종류는 다양하다. 그래서 우리의 술자리 안주는 언제나 '바다'이다. 그날 바다에서 보았던 커다란 물고기, 파도의 세기, 바닷물의 온도가 대화의 주제가 된다. 처음 만나는 사람에게는 이렇게 인사한다.

"스쿠버 하세요, 프리다이빙 하세요?"

다이빙을 배우지 않는다는 건 다합에서의 언어를 포기하겠다는 뜻이다.

다합에서 바다는 학교와 같다. 나를 포함한 모든 다이버들은 아침 일찍 눈을 뜨자마자 바다로 향한다. 해변 앞 거리는 오전부터 복작거린다. 슈트를 입은 사람, 수영복을 입은 사람, 아침에 수영을 해서 머리가 잔뜩 젖은 사람들이 보인다. 물론 거리에 보이지 않는 사람들도 있다. 그들은 이미 바닷속에 들어가 있는 다이버들이다. 바다는 다이버들에게 적당한 과제도 부여해준다. 자격증을 따기 위해서는 이론 시험과 실기시험을 통과해야 한다. 그래서 바다 앞 카페에 가면 뿌연 담배 연기를 내뱉으며 '오픈워터 이론'을 공부하는 사람들이 보인다.

다이빙에는 세세한 전공도 있다. 산소통을 가지고 물에서 호흡하는 '스쿠버 다이버', 숨을 참고 30미터, 50미터, 심지어 100미터까지 들어가는 '프리 다이버', 산소통을 무려 두 개나 들고 바다에 들어가는 '사이드 마운터' 등이 있다. 그중에서도 나의 전공은 바로 '다이브 마스터'이다.

하지만 '마스터'라는 이름과는 영 어울리지 않는 실력의 나는 아마추어라고 말하기에도 창피한 다이버이다. 매번 수압에 귀를 터트려버리는 주제에 마스터에 도전하겠다고 선포를 했으니, 오늘도 물미역이 되어 해변으로 저벅저벅 걸어 나왔다. 마스터가 될 거라며 술자리에서 당당히 떠벌렸던 일들이 떠올랐다. 짜증이 난 나는 괜히 다이빙 마스크를 모래사장에 던지고는 화풀이를 했다. 수압에 터진 귀에서는 '뿌지직'하는 이상한 소리가 들려왔다. 심술이 난 나는 터진 귀를 모래 위에 처박고는 한참을 누워있었다. 반대쪽 귀로 들려오는 파도 소리를 듣고 있자니 멍하다.

'아 오늘도 병원행이구나.'

다이빙에 미쳐있는 마을답게 다합에는 다이버 병원도 있다. 이곳에는 나처럼 터진 귀를 손보러 오는 다이버들이 있다. 그들 사이에 앉아 진찰을 기다리는데 순간 쿡쿡 웃음이 났다. 내가 어쩌다 병원까지 오갈 정도로 다이빙에 열을 다하게 된 것일까. 평생 물을 무서워했던 내가 말이다. 다이빙이 나에게 가져다주는 것은 돈도 아니고 쓸모 있는 스펙도 아니었다. 물속에서의 재미 그것 하나뿐이었다. 물공포증을 극복하고, 산호초와 물고기들을 여유롭게 구경할 수만 있게 된다면 소원이 없었다. 바다에서 조금 더 잘 놀아보겠다고 오기를 부리다가 결국 병원까지 왔다.

옆자리에서 진찰을 기다리는 다이버가 한 명 보였다. 그녀도 아마 바다와 친해지려고 무진장 애를 먹고 있는 것 같았다. 다합에 머무는 사람들은 전부 바다와 사랑에 빠져있다. 거리에는 다이빙 샵이 늘어서 있고, 집집마다 다이빙 슈트가 널려있다. 게다가 마을에는 수압에 터진 귀를 손봐주는 병원까지 있다. 세상에 고작 재미를 위해 시간을 쏟는 마을이 있다니!

의사 선생님은 나의 풀죽은 얼굴을 보자마자 알겠다는 듯 고개를 끄덕였다.

"귀 때문에 온 거죠?"

나는 소심하게 고개를 끄덕였다.

"귀에서 뿌지직하는 소리도 났고요. 맞죠?"

그렇다고 말하는 나에게 의사 선생님이 말했다.

"괜찮아요. 삼일 정도 쉬면 다시 돌아올 테니까요. 귀에 약 넣으면서 기다리면 돼요. 그전까지 다이빙은 금지! 알고 있죠?"

"네 벌써 몇 번짼데요. 당연히 잘 알고 있죠."

"가끔 무리한다고 이 상태로 다이빙을 하는 사람도 있어요. 그러지 말라고 당부하는 말이에요. 며칠 쉬면서 바다 위에서 수영이나 해요. 인샬라, 인샬라."

'인샬라'는 '신의 뜻대로'라는 말이다. 이미 터져버린 귀가 또 찢어질 정도로 자주 듣는 말이 바로 인샬라이다. 다합 사람들은 '인샬라'를 모든 상황에 적용한다. 약속장소에 늦어도 인샬라, 일이 잘 안 풀

려도 인샬라, 수압에 귀가 뻥 터져버려도 인샬라!

붕 떠버린 3일 동안 내가 할 일이라고는 바다 위에서 수영을 연습하는 것이다. 지칠 때는 베두인 차 한잔을 마시며 따뜻한 햇살을 즐기면 된다. 웃통을 까고 수영복 모양으로 선탠을 해도 좋다. 그러다 보면 어영부영 3일이 지나간다. 지긋지긋하도록 비효율적인 삶도 '인샬라'라면 문제 될 것이 없다.

매번 뒤처지는 실력 때문에 걱정하던 나에게 여행자들은 이렇게 말했다.

"괜찮아, 여기 다합이야. 인-샬라!"

다합은 그런 곳이다. 이전 세상의 언어를 몽땅 잊어버려야 하는 곳. 하나부터 열까지 새로운 삶의 형태를 받아들여야 하는 곳. 마스터가 되는 데에는 아주 오랜 시간이 걸렸다. 무려 다섯 달을 다합에 머물렀으니 말이다. 하지만 모든 여행이 그렇듯, 다이빙에 재능이 없어 귀를 여러 번 터트렸던 일은 행운이었다. 그 오랜 시간 동안 새로운 세상의 언어를 몸속에 새길 수 있었기 때문이다.

다합을 떠나온 지는 한참이지만, 나는 여전히 사진을 찍을 때 브이 대신 다른 포즈를 취한다. 새끼손가락과 엄지손가락을 올리는 것이다. 수신호로는 '기쁘다'라는 뜻이다. 바다의 언어들이 내 안 깊숙이 새겨진 것이다. 새겨진 것들은 시간이 지나도 사라지지 않는다. 삶 위로 문득, 문득 떠오른다.

02

'인생'이라는 지루한 단어로는 인생을 알 수 없어

바다와 육지 사이에 아슬아슬하게 기둥을 올린 카페는 위태롭기 짝이 없었다. 그곳은 물이 불어나는 날이면 바다에 몽땅 잠겨버릴 것만 같았다. 비바람이 치는 날에는 아메리카노를 짭짤하게 만들기까지 했다. 하지만 그날은 따사로운 햇살 아래서 여유를 부리기에 딱 좋았다. 우리는 얼음이 식어 밍밍해진 커피를 홀짝이며 카페 앞으로 펼쳐진 홍해 바다를 보고 있었다. 내 옆에 앉아있던 주항이 마침내 입을 열었다.

"파도가 깨질 때의 색깔을 잘 봐봐."

나는 멀찍이 수평을 이루던 바다의 끝에서 코앞까지 시선을 당겨왔다. 파도가 코앞에서 깨져 바다로 돌아가기를 반복하고 있었다.

"기둥 바로 아래 있는 돌무더기가 보이지? 그 위로 파도가 깨질 때의 색깔을 관찰해봐."

그녀의 말에 미간을 잔뜩 찡그리고는 돌무더기 위를 바라보았다. 새파랗던 파도가 돌무더기에 부딪혀 산산조각이 나는 순간 흰색과 푸른색이 보였다.

"파란색 사이에서 하얀색이 보이네!"

"응. 그런데 하얀색을 조금 더 쫓아가다 보면 마지막에는 에메랄드 색깔이 보여."

파도는 찰나의 순간 동안 다채롭게 일렁이더니 마침내 에메랄드 색깔을 품었다. 그녀는 파도가 깨질 때의 그 에메랄드 색깔이 아름답다고 말했다. 미술 시간에 바다를 그릴 때면 늘 파란색으로만 칠했었는데, 앞으로는 에메랄드색도 칠할 수 있을 것 같다고 말하자 그녀가 웃었다.

그때 이후로 나에게는 특별한 습관이 생겼다. 수시로 바다를 째려

보는 일이다. 바다는 항상 푸르기만 한 게 아니었다. 하늘이 잔뜩 흐린 날 홍해 바다는 회색으로 변했다. 노을이 진하게 지는 날 바다는 주황빛으로 변했다. 바다는 하늘의 색깔을 거울처럼 반사하기 때문이었다. 수영을 하다 알게 된 사실인데, 한참을 멀리 헤엄쳐 나아가도 발이 땅에 닿는 곳이 있다. 그리고 그곳은 연한 하늘 빛깔을 띤다. 바다의 색깔은 하늘뿐만이 아니라 지형의 영향을 받았다. 그래서 깊은 바다는 시퍼런 색깔을 했다. 다이빙을 할 때면, 다채로운 바다보다는 어두운 바다를 만날 때가 더 많았다. 수심이 깊어질수록 빛의 양이 줄어들기 때문이었다. 그래서 30m의 수심에서는 초록색을 제외한 모든 색깔이 사라졌다. 그렇다면 나에게 바다는 검은색이었고, 가끔 초록색이기도 했다.

'바다'라는 단어를 아직 배우지 못한 아이가 바다를 만난다면, 아이는 '바다'를 어떻게 표현할 수 있을까? 카페 밖으로 고개를 쭉 내밀고는 파도를 관찰하던 주항은 마치 태어나서 처음으로 바다를 만나는 아이 같았다. 가끔 그녀는 깊은 물 속에서 두 눈을 감고는 가만히 누워있기도 했다. 다이빙이 끝나고 물 밖으로 나온 주항이 천진난만한 목소리로 나에게 이렇게 이야기했다.

"바닷속에서 눈을 감고 가만히 있어 봐. 그러면 마치 우주 속을 유영하고 있는 듯한 기분이 들어."

그녀에게 바다는 '바다'라는 단어 뒤에 감추어진 일렁이는 무언가였다.

그녀는 툭하면 세상의 것들에서 이름을 제외했다. '관광'이라는 단어보다는 계획이 없이 떠도는 여정을 좋아했다. '여행'이라는 단어보다는 사진과 사람으로 가득 찬 세상의 이야기를 좋아했다. 주항은 십 년간 일상과 여행이 분리되지 않은 삶을 살아오고 있었다. 45리터짜리 배낭을 내려놓는 세상 모든 곳이 그녀의 일터이자 집이었다. 그녀에게 삶은 정적인 것이 아니었다. 언제나 자신의 시선 속에서 새롭게 해석될 수 있는 곳이었다.

아이의 눈을 가지고 있던 주항은 세상의 모든 것을 바다처럼 바라보았다. 한 번은 좁은 집구석에 여행자들을 초대하기로 했다. 하지만 그 작고 귀여운 집에 식탁이라고는 나무로 된 조그만 책상이 전부였다. 마땅한 식탁이 없어 모두가 애를 먹는 동안 십 인분의 음식은 차갑게 식어가고 있었다. 그때 그녀가 반짝이는 눈을 하고는 이렇게 말했다.

"나는 이런 상황이 참 좋아. 쓸모에 맞지 않는 물건을 쓸모 있게 만들 수 있으니까."

집안을 기웃거리던 그녀는 기어이 커다란 물체와 함께 나타났다. 바로 세탁기였다. 그녀는 그 세탁기를 가로로 뒤집어 식탁을 만들자는 제안을 했다. 당연히 말도 안 되는 일이었다. 하지만 막상 세탁기 위에 식탁보를 깔았더니 감쪽같았다. 그날 우리는 초대한 손님들 사이에서 입꼬리를 씰룩거렸다.

"이거 정말 식탁인 것 같아?"

그녀가 또 천진난만한 미소를 지은 채로 말했다. 식탁보를 들춰보고는 경악을 하는 사람들을 보며 우리는 성공의 하이파이브를 나

눴다.

그녀에게 여행은 마치 우주를 담은 바다였고, 가로로 뒤집힌 세탁기였다. 그녀는 매일 밤 침대에 누워 십 년간 이어온 여정을 나에게 이야기해주었다. 그럴 때면 나는 침대 위에 누워있는 아이에게 동화나 소설을 읽어주는 엄마를 떠올렸다. 그녀의 수많은 에피소드를 책으로 엮으면 족히 열 권의 시리즈를 만들 수 있을 것 같았다. 중국에서 히치하이킹을 하다가 화물기사 아저씨와 친해졌던 일, 그 아저씨의 트럭을 타고 중국을 횡단했던 일은 웬만한 소설보다도 자극적이었다. 그녀의 여행은 단순히 '여행'이라는 단어로는 표현할 수 없는 여정이었다.

"게다가 중국의 한 대학교 학생들과 친해졌던 적도 있었거든. 근데 그 친구들이 나를 기숙사에서 재워 준다고 하는 거야. 일주일 동안 기숙사에서 함께 지내고, 헤어질 땐 또 얼마나 울었는지."

"그러면 여행을 할 때 숙소도 안 잡고 부작성 다닌 적도 있는 거야?"

두툼한 이불 위로 고개를 내민 내가 물었다.

"물론이지. 한 번은 숙소도 없이 밤길을 헤매다가 지나가는 할머니에게 재워달라고 한 적도 있다니까. 무계획 여행은 언제나 정답이야. 그래야 우연처럼 다가오는 운명들을 허락할 수가 있거든."

'여행'이라는 단어를 알지 못하는 사람은 여행을 무엇이라 표현할 수 있을까. 그건 아마 자신이 걸어온 여정에 따라 달라질 것이다. 그녀의 여정은 갈피를 잡지 못했던 내 여행의 시작점을 위로했다. 시간의 공백을 도통 무엇으로 채울지 몰라 하루 종일 걷기만 했던 그날들을 떠올렸다. 화려한 에펠탑이나 액티비티로 채워지지 않았던 여

정마저 나만의 고유한 여행이었다. 빛이 닿지 않는 깊은 바닷속처럼, 나의 여정은 남들보다 조금 더 깊은 곳에서 시작했던 것이었다. 바다의 존재를 일찍이 알았더라면, 차가웠던 밤 속을 걸으며 울기보다는 더 많이 웃었을 것이다. 나의 여행을 타인의 화려한 여행과 비교하지 않았을 것이다. 발걸음을 재촉하지도 않았을 것이며, 행복하지 않은 여행을 두려워하지도 않았을 것이다.

쇼펜하우어는 이런 말을 했다. 우리가 바라보는 인생이란 '인생'이라는 두 글자일 뿐이며, 그것으로는 결코 인생이라는 실체를 표현할 수 없다고. 나는 이제야 고개를 당겨 파도의 다채로운 색깔들을 바라본다. 에메랄드색은 언제나 그곳에 존재하고 있었다. 깊은 심연의 어둠도, 노을빛을 머금은 윤슬의 색깔도 모두 '바다'라는 단어 뒤에서 존재해 왔다. 나는 이제껏 바다의 수평선에 멀찍이 시선을 두고 막연하게만 숨을 쉬어왔다.

'인생'이라는 단어 뒤에서 일렁이는 무언가를 바라보자. 그녀가 '바다'를 지우고 바다의 존재를 바라본 것처럼. 커다란 세탁기를 식탁으로 만들었던 것처럼 말이다. 그 실체의 민낯을 마주할 때, 우리는 비로소 새로운 세상으로 향하는 문을 열 수가 있다. 우리가 아직 보지 못한 세상의 색깔들이 단어 뒤에서 아른거리고 있다. 그렇다면 우리가 해야 하는 일은 배낭을 메는 것이다. 세상의 끝에 다다라서는 끝없이 펼쳐진 바다를 보면 된다.

나와 함께 파도 앞에 나란히 앉자. 가능한 오랫동안 파도의 끝을 따라가 보자. 하얀 거품 속 에메랄드빛 파편을 발견할 때까지.

03
기타 치는 이공계생

그를 처음 만난 곳은 고등학교 자습실에서였다. 낡은 줄 이어폰으로 발라드 음악이 흘러나오고 있었다. 수학 문제를 풀 때면 나는 항상 그의 노래를 들었다. 차분한 음악을 들으면 볼펜의 움직임이 정교해졌고 덕분에 계산 실수가 잦아들었다. 나는 공책 위에 천천히 X축과 Y축을 그렸다. 그리고 함수가 지나가야 할 각 축의 절편을 계산했다. 선율을 따라 삼차 함수의 곡선을 그릴 때면 마치 파도를 그리는 미술가가 된 것만 같았다. 이과생의 예술적 한계는 그래프에 수렴할 뿐이었다.

두 번째 만남에서는 그를 알아보지 못했다. 턱과 코끝이 뾰족한 한 남자가 라커 앞에서 다이빙 장비를 정리하고 있었다. 물에 젖은 새까만 머리카락 사이로 그의 짙은 눈썹이 보였다. 나는 헉하고 숨을 들이마신 채로 사람들이 있는 곳까지 달려가 소리쳤다.

“잘생긴 사람이 다합에 들어왔다!”

알고 보니 그의 외모는 꽤 유용한 것이었다. 그의 직업은 연예인, 그러니까 가수였던 것이다. 그것도 나의 고등학교 시절을 책임졌던 발라드의 주인공. 그가 나이 서른을 한참 넘겼다는 사실을 머지않아 알게 되었다. 이후로 그는 나에게 잘생긴 삼촌이 되어버렸지만, 나의 호기심은 늘 그에게 있었다.

파도가 얌전한 날이었다. 우리는 다이빙을 기다리느라 한 시간째 불편한 슈트를 입고 있었다. 계속해서 미뤄지는 다이빙 시간 때문에 나는 발을 동동 굴렀다. 기다림은 언제나 성가시다. 딱히 바쁜 일이 없을 때도 그렇다. 다이빙 일정이 미뤄질수록 속에서는 천불이 났다. 하지만 내 옆에 앉아있던 그는 평소처럼 여유로웠다. 그는 가만히 앉아서 멍을 때리거나, 가끔 나에게 딱콩을 때렸다. 음악을 하는 사람이라서 그런 걸까? 그는 언제나 차분했고 좀처럼 재촉하는 모습을 보이지 않았다. 반대로 여유를 즐기지 못하던 나는 매번 그를 귀찮게

만들었다. 하루는 얌전히 멍 때리고 있는 그에게 이런 질문을 했다.

"오빠는 어렸을 때부터 꿈이 가수였어?"

들어보니 그의 꿈은 어릴 적부터 하나가 아니었다. 그는 가수이기 전에 술집 사장이기도 했고, 옷가게를 운영하기도 했었다고 말해주었다. 또 워킹홀리데이에 가서는 햄 공장에서 일을 했었다고 했다. 그는 하나의 꿈을 가지고 살아온 사람이 아니었다. 속에서 반짝이는 꿈이 떠오르면 그게 무엇이든 전부 실행에 옮기는 사람이었다.

시골의 작은 카페와 캠핑 브랜드를 운영하고 있던 그는 '가수'라는 직업 하나만으로는 설명할 수 없는 사람이었다. 한 사람마다 가질 수 있는 직업의 개수는 하나가 아니라는 사실을 그를 보고 알았다. 가수이자 카페 사장이자 캠핑 브랜드의 대표. 게다가 다이버라는 역할도 멋지게 수행해내는 그가 부러웠다. 그는 가지고 싶은 것들을 전부 가진 사람처럼 보였다. 세상 모든 것을 가져야만 그처럼 여유로울 수 있는 건가 하는 생각마저 들었다. 하지만 그에게도 여전히 꿈이 있었다.

"나는 언젠가 기타 하나만 가지고 세계를 일주할 거야. 돈 한 푼도 없이 무작정 떠나고 싶어. 그래서 버스킹을 하면서 여행비를 모으는 거지. 마치 「잉여들의 히치하이킹」 처럼!"

「잉여들의 히치하이킹」은 그가 유별나게도 좋아하는 영화였다. 20대 청년들이 땡전 한 푼 없이 떠나 유럽을 여행하는 내용의 영화인데, 그는 그것을 열 번은 넘게 보았다고 했다. 다 함께 TV 앞에 모여 그 영화를 볼 때면, 그는 어김없이 눈물을 흘렸다. 그것도 왕방울만 한 눈물이 양쪽 뺨을 다 적셔버릴 정도로 말이다. 그리고는 매번 같은 말을 했다.

"나도 저런 여행을 할 거야. 기타 하나만 가지고 다니는 그런 여행을…."

마르지 않는 눈물샘 덕분에 그의 꿈들은 시들 틈이 없었다. 그는 언제나 그런 식으로 자신의 꿈을 우리에게 이야기했다. 그리고 그 생각들을 과감하게 행동으로 옮겼다. 누군가는 그를 향해 이렇게 말하기도 했다.

"그 인간은 한 치 앞도 예측할 수 없는 사람이야. 마음먹은 일이 있다면 쓸데없이 고민할 시간에 실행해 버리거든. 그 여유로운 배짱이 대체 어디서 나오는 건지 몰라."

바다 앞으로 길게 펼쳐진 거리를 걷다 보니 악기점 하나가 나왔다. 세 평정도 되어 보이는 작은 가게 안으로 들어서자 먼지가 쌓인 악기들이 보였다. 여러 가지 악기들로 빼곡한 벽에는 조그만 우쿨렐레 하나도 보였다. 나는 까치발을 들고는 우쿨렐레의 얇은 줄을 천천히 쓰다듬었다. 그때 가게 주인이 나타났다.

"커다란 기타도 있으니 한번 보소."

우쿨렐레 바로 밑에는 내 몸체만 한 기타도 놓여있었다.

기타를 보자마자 왕방울만 한 눈물을 흘리던 그의 얼굴이 떠올랐다. 순간 기타를 배워보고 싶다는 생각이 마음속에서 반짝였다. 코드를 잡는 법도 몰랐던 나는 다섯 개의 줄을 오른손으로 '징-' 하고는

쓸어내렸다. 먼지 묵은 공기들이 기타 줄에 따라 미세하게 진동하고 있었다. 순간 모든 신경이 아날로그한 소리에 집중되었다. 머릿속에는 아무런 생각이 들지 않았다. 마치 싱잉볼을 연주하고 있는 듯한 착각이 들 정도였다. 기타 줄의 고유한 진동이 잡다한 생각들을 밀어내고 있었다. 나는 그 매력적인 순간에 매료되어 기타를 구매하고 싶었다. 하지만 기타의 가격은 십만 원. 하루 여행비를 초과하는 금액이었다. 후다닥 악기점을 벗어났지만, 그때의 순간이 며칠 동안 머릿속에서 아른거렸다.

한인 커뮤니티에 중고 기타를 찾는 글을 올렸다. 하지만 기대는 하지 않았다. 이렇게나 작은 동네에 내가 모르는 한국인이 있을 리가 만무했다. 있을지라도 그 사람이 기타를 팔 거라고는 기대하지 않았다. 하지만 며칠 뒤 누군가에게 연락이 왔다. 비양카 그녀는 이미 나와 데면데면 인사를 하는 사이였다. 하지만 나는 그녀가 기타를 가지고 있다는 사실까지는 알지 못했다. 게다가 다이빙 코치가 되기 전까지는 음악 선생님이었다는 사실마저도 몰랐다. 운명적인 만남이었다.

그녀는 나에게 이렇게 말했다.

"세상 모든 여행자들이 기타를 연주하는 기쁨을 알았으면 좋겠어요. 가끔 이곳에 놀러 오면 기타 치는 방법을 알려줄게요. 그리고 다합에 머무는 동안은 이 기타를 빌려줄게요."

그날 이후로 나는 일주일에 한 번씩 그녀의 집에 방문해 기타를 연주하는 방법을 배웠다. C코드나 D코드처럼 간단한 코드를 익혔고, 그 코드들을 이용해서 「너에게 난 나에게 넌」처럼 쉬운 노래를 연주할 수 있게 되었다.

나는 어디를 가든 기타와 함께였다. 아침에는 바다 앞에 앉아 기타를 연주했다. 다이빙을 마치고 식당에 가서 밥을 먹을 때도 기타를 품에 꼭 안고 있었다. 그리고 틈이 날 때마다 「너에게 난 나에게 넌」을 연주했다. 심지어는 다이빙을 하는 와중에도 머릿속으로 기타 코드를 되새겼다. 한동안 나는 기타와 깊은 사랑에 빠져 지냈다.

기타 줄의 진동은 순간을 고유하게 만들었다. 시끌벅적한 식당에서나, 우리 집 앞 테라스에서나 기타를 연주하는 순간 그 공간의 분위기가 달라졌다. 기타는 찰나의 순간에 모든 감각을 집중하도록 했다. 그곳에는 잡다한 말이나 생각이 들어 설 자리가 없었다. 오로지 손끝의 감각만이 연주를 완성했다. 이미 타이밍을 놓쳐버린 코드나 그다음 쳐야 할 코드를 줄줄이 떠올리는 순간 손가락이 버벅거렸다. 그래서 기타를 배우고 나서야 명상을 하면서도 고칠 수 없었던 생각하는 버릇을 멈출 수가 있었다. 「너에게 난 나에게 넌」을 실컷 연주하다 보면 시간이 훌쩍 지나가 있었다. 생각 없이도 고요하게 흘러가는 그 시간이 좋았다.

손가락이 기타 줄에 까지다 못해 아주 단단하게 굳어갈 즈음이었다. 가득 차오른 보름달이 밤하늘 아래의 기타 줄을 선명하게도 비췄다. 모닥불 앞에는 열 명 정도가 둥그렇게 모여있었다. 그중에는 내 인생 최고의 가수가 되어준 그도 앉아있었다. 그는 자그마한 잼베를 챙겨와 손바닥으로 두드리고 있었다. 그러다가는 박자에 맞춰 노래를 부르기 시작했다. 여유로운 노랫소리가 들려왔다. 많은 사람 앞에서 눈을 감고 노래를 부르는 그를 바라보았다. 스스로를 얼마큼 믿어야 사람들 앞에서 떨지 않고 노래를 부를 수 있는 걸까? 그의 목소리는 기타 줄처럼 고유하게 진동하고 있었다.

노래가 끝나자 그가 나에게 기타를 연주할 것을 권했다. 하지만 아직 남들 앞에서 기타를 연주할 정도의 실력은 아니었다. 사양하는 나에게 그는 선택지를 주지 않았다. 자신이 잼베를 치고 노래를 부를 테니 옆에서 기타만 연주해도 괜찮다고 했다. 나는 떨리는 손으로 코드를 쥐어 잡았다. 사람들은 나의 연주에 맞춰 노래를 불렀고, 잼베 소리도 함께 들려왔다. 하지만 나의 머릿속에는 잡다한 생각들이 가득 차 있었다.

'실수하면 어쩌지' '이다음 코드가 뭐였더라….'

생각이 많아질수록 기타 소리는 작아져만 갔다. 기어코 모닥불이 타닥타닥 타오르는 소리에 기타 소리가 가려질 때쯤 그가 말했다.

"주저하지 말고 세게 치는 거야. 더 세게, 더 세게. 자신감 있게!"

나는 그제야 온몸의 감각들을 손끝에 집중하기 시작했다. 기타의 소리가 선명해질수록 생각은 잦아들었다. 고유한 순간이 완성되고 있었다.

텅 빈 세상 속에 존재하는 건 기타의 선율뿐이었다. 그곳이야말로 그의 여유가 시작되는 곳이었다. 음악이 가득 찬 순간 속에서 잡다한 생각은 설 자리를 잃는다. 나에게 기타를 가르쳐준 그녀의 말이 떠올랐다.

"여행자들이 기타를 연주하는 즐거움을 느낄 수 있었으면 좋겠어요."

그 즐거움이야말로 현재에 온전히 머무는 기쁨일 것이다. 지나간 여정을 떠올리지 않는 것, 다가올 미래를 앞서 걱정하지 않는 것, 여행의 공간을 오로지 여행으로 가득 채우는 것.

일 년이 지난 뒤 인도 바라나시의 골목 귀퉁이에서 한 악기상점을 찾았다. 그곳에는 잼베와 인도의 전통 악기들 그리고 기타가 있었다. 일 년 만에 다시 마주하는 기타였다. 나는 반가운 마음에 그 기타를 슬며시 들어 올렸다. 그리고는 다합에서 불렀던 그 노래를 연주하기 시작했다. 그의 말처럼 더 크게, 더 세게 말이다. 나는 오랜 여행 끝에 한결 여유로운 사람이 되어있었다. 미뤄지는 다이빙 시간에 발을 동동 구르던 나는, 숨이 막히도록 연착되는 인도 기차에도 성을 내지 않게 되었다. 연착되는 비행기를 기다리며 발을 동동 구를 바에는 일기장을 꺼내 순간을 적어 내리곤 했다. 여행 일정이 틀어질 때는 이렇게 악기상점에 찾아와 노래를 부르는 여유도 갖추고 있었다.

타국의 노랫말이 인도의 악기상점을 크게 울려대고 있었다. 지나온 여정이 눈앞을 스쳐 갔다. 호기롭게 뱉어내는 노랫말들이 나에게 말하고 있었다. 나는 여행의 시간을 온전히 연주해 왔노라고.

04
장애물이 곧 길이다

다합에는 구전으로 전해 내려오는 전설이 있다. 홍해 바다를 가로지른 한 카이트 서퍼의 이야기이다. 다합의 바다 뒤로는 붉은색 돌산이 펼쳐져 있다. 사우디아라비아 반도이다. 흐린 날 그곳은 하늘 섬처럼 안개 뒤로 종적으로 감추어 버린다. 반대로 맑은 날에는 노을을 머금어 분홍색으로 빛나는데, 가끔은 비현실적으로 보인다. 전설이 생겨날 법하다. 들려오는 말에 따르면 언젠가 카이트 서퍼 한 명이 바다를 횡단해 사우디아라비아 반도에 닿았다고 한다. 바람을 타고 그 먼 곳까지 날아간 것이다. 갈 때는 바다를 건너갔지만, 돌아올 때는 비행기를 타야 했다는 우스갯소리도 들렸다. 전설 속 이야기답게 그 말을 믿는 사람은 아무도 없었다. 하지만 나는 바람이 세게 부는 날이면 항상 그곳을 멀리 바라보았다. 혹시라도 바다를 건너는 사람이 있을까 하여.

그 전설 속 서퍼가 다시 태어난다면 바로 이 사람일 것이다. 그는 바다와는 어울리지 않을 만큼 단정한 용모를 자랑했다. 슬리퍼 대신에 꽉 묶은 운동화를 신고, 검은색 스포츠용 후리스를 즐겨 입던 그는 웃음이 자글자글한 남자였다.

오늘도 높은 담장 위에서 그를 발견했다. 그는 손바닥만 한 폭에 발끝을 아슬아슬 올리고는 고양이 자세를 하고 있었다. 날카로운 눈을 요리조리 굴리는 것이 뛰어내리기에 마땅한 지형물을 찾고 있는 듯했다. 그는 파쿠르(parcours) 선수이자 코치이다. 아시아에 파쿠르 문화를 전수한 사람이라고 들었다. 파쿠르는 옛날 말로 '야마카시'이다. '야마카시'를 떠올리면 파쿠르를 이해하기 조금 더 쉬울 것이다. 건물이나 지형물을 자유자재로 뛰어다니며 길을 만들어내는 스포츠가 바로 파쿠르이다.

그는 우리와 걸을 때면 늘 높은 곳에 올라가 양팔을 길게 쭉 뻗고는 중심을 잡으며 걸었다. 함께 마트나 러닝을 갈 때면 그는 불쑥불쑥 어딘가로 사라져 버렸다. 머지않아 저 멀리 있는 폐가 혹은 담벼락에서 그를 발견했다. 고양이같이 날렵한 자세로 앉아있던 그는 언제나 자글자글한 미소를 머금은 채로 올라탈 지형물을 탐색하고 있었다. 한 번은 그가 이렇게 말했다.

"이집트는 참 좋아. 모든 건물이 짓다 만 채로 방치되어 있잖아. 파쿠르를 하는 사람들에게는 여기가 바로 천국이지."

이집트에는 특이한 세법이 있다. 건물의 완성도에 따라 부과되는 세금이 달라진다는 것이다. 그래서 대부분의 건물이 전부 짓다 만 채

로 방치되어 있다. 뼈대가 드러나 있고 옥상이 없는 건물들이 다합에도 널려있었다. 나는 그것들이 이집트의 미관을 해친다고 생각했었다. 하지만 그는 무너져 내리는 건물들을 보며 만족스러워했다.

하루는 누군가 그에게 재밌는 부탁을 했다. 파쿠르를 가르쳐달라는 것이었다. 피라미드에 관한 구설수를 이야기하던 중이었다. 경찰들 몰래 피라미드의 꼭대기까지 오른 사람의 영상이 유튜브에 널리 퍼지고 있던 시기였다. 파쿠르를 할 줄 안다면 피라미드의 꼭대기에도 올라가 볼 수 있지 않겠냐는 농담에 그는 흔쾌히 웃어 보였다.

"그럼 내일 파쿠르 수업을 한 번 열어볼까요?"

다음날 열 명 정도가 호스텔 옥상에 비장하게 모였다. 모두 신발을 신겨 놓은 강아지처럼 어색하게만 굴어댔다. 몇 개월 만에 신어보는 양말과 운동화가 영 불편하기만 했다. 쭈뼛거리는 우리와 달리 그는 능숙하게 수업을 진행해 나갔다. 담벼락을 올라탔던 그를 바라보면서 매번 고양이를 떠올렸던 건 우연이 아니었다. 파쿠르의 기초에는 고양이의 걸음걸이를 요염하게 따라 하는 동작이 있었다. 그래서 우리는 고양이처럼 걸어보기도 했고, 사뿐히 점프를 하기도 했다. 또 바람개비 모양으로 몸을 움직이기도 했다.

어쩌다 보니 수업은 2회차, 3회차까지 이어졌다. 우리는 이틀에 한 번씩 공터나 옥상에 모여 그의 파쿠르 수업을 들었다. 담벼락을 오르는 기술과 낙법을 익혀갈 때쯤 그가 말했다.

"이제 배운 동작들을 실세 상황에 적용해 볼까요? 저기 위에 있는 곳 보이죠. 이제까지 배운 것들을 써먹어서 저곳에 올라가 봅시다."

그의 손가락이 지목하는 곳은 옥상 위 안테나가 올려진 좁은 반층이었다.

우리는 배운 동작들을 써먹으려고 안간힘을 써댔다. 점프를 해서 벽에 매달려 보기도 했고, 거미처럼 기어보기도 했다. 결국, 한 명씩

엎드려서 계단을 만들기로 했다. 차례차례 다음 사람의 등을 밟고 안테나가 설치된 건물 위로 올라갔다. 그렇게 등이 잔뜩 더러워진 열 명이 다합에서 가장 높은 곳에 모였다.

온몸을 움직여 지형물 위로 올라가는 일은 오랜만이었다. 이런 원초적인 놀이는 어렸을 적 정글짐에서가 마지막이었다. 그 뒤로 나는 줄곧 정해진 길 위에 시선을 두고 걸었다. 누군가 땅 위에 그려놓은 횡단보도가 유일한 길이라고 생각했다. 그러나 파쿠르는 나에게 새로운 길을 허락했다. 우리는 아스팔트 도로 위를 걷는 대신 담벼락 위로 점프를 해볼 수 있다. 계단을 오르는 대신 벽돌을 붙잡고 거미처럼 건물을 오를 수도 있다. 우리에게 정해진 길 따위는 존재하지 않았다.

하늘에 조금 더 가까워지니 바다가 한눈에 담겼다. 저 멀리 있는 사우디아라비아도 품에 안길 것만 같았다. 건물 아래로 펼쳐진 홍해 바다를 바라보며 그가 말했다.

"파쿠르는 그런 거예요. 모두가 길이라고 생각하는 곳에서 벗어나는 것. 담벼락을 타고, 무너진 옥상을 활보하는 거죠. 우리가 바라보는 곳이 곧 우리의 길이에요."

"기억해요, 장애물이 곧 길이다."

나는 고개를 치켜들고는 바다 너머를 바라보았다. 사우디아라비아 반도는 오늘도 분홍색으로 빛나고 있었다. 그 아래로 개미만 한 서퍼들이 바람과 함께 하늘을 날아 보였다. 침침했던 두 눈을 이제야 양손으로 벅벅 비벼댔다. 조금 더 멀리 보기 위함이었다. 선명해진 눈

동자로 바다의 끝을 바라보며, 나는 계속해서 중얼거렸다.

"우리에게 장애물은 길이다…."

"장애물이 곧 길이다."

05
나는 차라리 돌고래가 되어야겠다

정확히 4년 동안 나는 매일 밤 꿈속에서 달리기만 했다.

이유는 다양했다. 아르바이트에 늦어서 달리기도 했고, 학교에 지각해서 달리기도 했다. 가끔은 아무런 이유도 없이 무작정 달렸다. 그 꿈은 영화 「신과 함께」에 나오는 '나태 지옥'을 닮아있었다. 꿈속을 달리던 나는 무한한 형벌을 선고받은 것만 같았다.

달리는 꿈의 종류는 여러 가지였다. 특히 뻘 같은 곳에 다리가 깊숙이 빠져 허우적거리는 꿈은 악몽이었다. 달리고 싶어도 달릴 수 없는 그 기분은 끔찍했다. 마치 양쪽 날개가 잘린 잠자리가 되어 울부짖는 기분이었다. 숨이 붙어있는 채로 무덤 속에 파묻힌 신세가 된 것처럼 비참했다. 양다리를 허우적거릴수록 뻘 속으로 몸이 깊게 파고 들어갔다. 마비된 몸 가운데 해소되지 않은 맥박이 뛰고 있었다. '달려야 하는데… 달려야 하는데.' 그 조급한 마음이 꿈속을 뛰쳐나와 늘 나의

다리를 부지런히 만들었다.

그날 나는 블루홀의 깊은 구석을 천천히 유영하고 있었다. 옆으로는 끝없는 절벽이 펼쳐져 있었다. 다합의 블루홀은 '바닥이 없는' 다이빙 포인트로 유명한 곳이다. 명성에 걸맞게 블루홀의 바닷속은 공포심과 경이로움을 동시에 자아냈다. 발아래로 펼쳐진 끝없는 암흑을 마주하고 있자니 우주가 떠올랐다. 나는 마치 우주에 던져진 보이저호처럼 까마득한 바닷속을 탐험하고 있었다.

옆으로 펼쳐진 절벽에는 다양한 바다 생물들이 서식하고 있었다. 손가락만 한 물고기들이 절벽에서 자라난 산호초 주변을 빙글빙글 돌았다. 그들은 멀리서 다가오는 나의 거대한 형체를 경계하는 것 같

았다. 가까이 다가갈 때마다 잽싸게 산호초 안으로 몸을 숨기는 물고기들을 바라보았다. 그럴 때면 나도 다리 대신에 커다란 지느러미를 가지고 싶다는 생각을 했다. 물속에서 뻣뻣한 다리 두 짝은 참으로도 쓸모가 없다.

나는 물고기들을 괴롭히는 대신에 얌전하게 누워있는 불가사리를 관찰했다. 파란 점들이 새겨진 불가사리는 온몸을 뒤집어 뽀얀 속살을 하늘 위로 드러내고 있었다. 일광욕을 즐기고 있는 걸까? 잠을 자는 걸까? 이렇게나 대자로 뻗어 잠을 잘 일인가 싶어 웃음이 났다. 불가사리는 편안한 바다에서의 삶이 꽤 만족스러운 모양이었다.

문득 나도 불가사리를 따라 수면을 향해 누워보고 싶었다. 양팔을 휘저어 물을 밀어내니 몸이 쉽게 뒤집혔다. 나는 그렇게 깊은 바닷속에서 암흑을 등지고 수면을 바라보았다. 파도의 바닥이 만들어내는 선들이 자글자글 춤을 추고 있었다. 선과 선 사이의 간격으로 따뜻한 빛이 스며들었다. 푸른색과 햇빛을 잔뜩 머금은 저 높은 수면, 마치 하늘을 닮았다.

하늘에는 헤엄을 치는 사람들이 둥둥 떠 있었다. 그들은 블루홀의 끝없는 암흑 속으로 떨어지지 않기 위해 안간힘을 쓰고 있었다. 양 다리를 좌우로 뻗고는 바둥바둥 물살을 밀어내는 그들을 바라보고 있자니 백조가 떠올랐다. 마치 호수 아래서 백조의 다리를 염탐하고 있는 것 같았다. 나는 하늘 위에서 안간힘을 쓰며 헤엄을 치는 사람들을 한참 동안 바라보았다. 그들의 다리 두 짝이 얼마나 우습고 또 애처로워 보이던지.

나는 그때 마지막 꿈을 꾸었다. 달리는 꿈 말이다. 뻘 속에서 헤엄치기를 멈추고 가라앉기를 택했을 때, 애석한 다리 두 짝에 지느러미가 돋아났다. '그래 잠깐은 괜찮을 거야.' 나는 생각했다.

'아주 잠깐이라도 이렇게 있자. 수면에서의 일들은 더 이상 생각하지 말자. 내가 지금 있는 곳은 여기 바닷속이니까. 이렇게 가라앉기만 하자. 아주 잠깐 동안이라도.'

언젠가 한 번 돌고래를 만난 적이 있다. 또 한 번 깊은 바닷속에서였다. 우리의 세상에서 만났던 돌고래는 귀여웠고 가끔은 불쌍하기도 했다. 하지만 돌고래의 세계에 우리가 침범했을 때, 그는 오히려 우리를 불쌍히 여겼다. 무거운 장비들을 치렁치렁 매달아야만 하는 우리의 운명 말이다. 불쑥 나타난 돌고래는 마치 춤을 추듯 우리 주

변을 빙글빙글 돌았다. 그러다가는 비행기를 닮은 모양을 하고 멀리 날아가 버렸다. 수면 아래의 존재들은 언제나 여유롭기만 하다. 그 위에서 어떤 일들이 일어나고 있는지 관심조차 없는 것 같다.

나는 이제 달리는 꿈을 꾸지 않는다. 요즘 꾸는 꿈들은 나를 새로운 세상으로 데려간다. 어제는 피터 팬이 사는 축축한 정글에 들렀다. 악어가 사는 강이었지만, 그곳은 여전히 푸른색이었다. 나는 바다를 닮은 강 속에서 돌고래를 찾아 이리저리 헤엄을 쳤다.

그래, 나는 차라리 돌고래가 되어야겠다.

수면 아래의 삶을 오랫동안 유영하련다. 그렇게 바다만큼 넓어지련다.

06

깊은 물 속으로 뛰어든 그 날, 새로운 나를 발견했다

다이빙을 하는 사람이 수영을 못할 수 있냐고 누군가 물었다. 그야 물론이지. 물에 뜨는 일과 가라앉는 일은 전혀 다르다. 물 공포증을 이겨내고자 시작한 다이빙인데, 가라앉는 일에만 선수가 되었다. 맨몸으로 물 위에 뜨는 일은 여전히 두렵다. 그래서 발이 닿지 않는 깊이에서는 수영하고 싶지 않다고 말했다. 살면서 시도해 본 적도 없고, 상상조차 하기 싫은 일이라고.

작은 수영장 앞에서 파티가 열리는 날이었다. 그녀는 아까부터 자꾸만 나를 재촉했다. 깊이를 가늠할 수 없는 저 물 위로 뛰어들자고 하는 것이다. 수영장은 멀찍이서 실눈을 뜨고 봐도 깊은 바다처럼 새파랬다. 바닥의 무늬조차 보이지 않을 정도로 새카만 저 수영장, 분명 내 키를 훌쩍 넘기고도 남길 정도의 깊이였다. 물 위를 일렁이는 잔물결이 보였다. 오늘따라 사악해 보이는 그 물결이 나를 집어 삼

커버릴 것만 같았다. 새하얗게 질려서는 뒤로 물러나는 나에게 그녀는 별안간 새끼손가락을 건넸다. 빠지는 일이 생기면 반드시 구해주겠다며 멋대로 약속을 했다. 잠자코 듣고 있던 주변 사람들도 그녀를 거들기 시작했다. 직업이 군인인 여자가 말라비틀어진 나 하나 구하지 못하겠냐며 말이다. 그러고 보니 그녀의 다부진 근육이 눈에 들어왔다. 나를 향해 씩 웃어 보이는 그녀에게 왠지 모를 신뢰감을 느꼈다.

그녀의 격양된 동작에 점점 주위로 사람들이 모였다. 심지어는 물에 같이 뛰어들자는 사람들도 생겼다. 아, 다이버들 앞에서 물을 무서워한다고 고백하는 건, 정말 쪽팔린 일이다.

그때 저 멀리 테이블 위에 놓인 보드카 한 병이 눈에 들어왔다. 나는 수영장으로 뛰어드는 대신에 보드카가 놓인 테이블로 달려갔다. 그리고는 술병을 들고 아주 병째로 발칵 발칵 들이켰다. 싸구려 술이 풍기는 특유의 공장식 알코올 맛이 났다. 나는 마지막 한 모금을 미처 삼키지 못한 채 콜록, 콜록 기침을 했다. 그러자 피부가 간질거리고 정신이 몽롱해지기 시작했다. 이제야 새파란 수영장에 서식하는 악마를 만날 준비가 되었다.

나는 두근거리는 심장을 한 번 부여잡고, 또 그녀의 손을 잡았다. 그리고 물속으로 풍덩 뛰어들었다. 수직으로 꽂힌 몸이 수영장의 표면을 뚫고 내려갔다. 깊게 깊게 파고들어도 땅에 발이 닿지 않았다. 귀에서는 '웅웅'거리는 소리가 들려왔다. 허우적거리는 다리 사이로 공기 방울들이 부드럽게 스쳤다. 퇴화되었던 살 끝의 감각들이 촉수처럼 예민하게 일어나고 있었다.

알코올에 나른해졌던 몸은 금방 부력을 되찾아 물 위로 떠 올랐다. 나는 힘겹게 수면 위로 고개를 빼고는 개헤엄을 쳤다. '우리 집 말티즈가 수영을 할 때면 딱 이런 꼴이었는데.' 개헤엄을 쳐서 필사적으로 발이 닿는 곳까지 온 나는 크게 숨을 내쉬었다. 그리고 사람들을 향해 소리쳤다.

"봤어? 지금 내가 한 거 봤어?"

한평생 원수였던 술이 이날만큼은 빚을 갚는다. 나를 재촉했던 그들이 덩달아 신이 났는지 보드카 한 병을 수영장 위로 건넸다. 나는 흥분한 나머지 술 몇 모금을 더 들이켰다. 그리고 알코올에 기억이 휘발될 때까지 물 위로 몇 번이고 몸을 던졌다. 다음날 들었는데 내가 취해서 이런 말을 했단다.

"물의 깊이를 가늠하지 않고 뛰어들 수 있다는 건 정말 기쁜 일이야."

새로운 사건을 마주하면 몽롱했던 신경들이 되살아난다. 이제껏 부정해온 자신의 모습은 온데간데없다. 깊은 물을 두려워했던 내가 발끝에 이는 거품의 촉감을 좋아하게 된 것처럼 말이다. 몇 번이고 물속으로 뛰어들었던 그날처럼, 새로운 감각을 마주하기 위해서는 새로운 경험이 필요하다.

한국을 떠나기 전 나는 '고수'의 냄새조차 맡지 못했던 사람이었다. 하지만 언젠가 조지아의 한 식당에서 가게 주인에게 번역기를 보

여주는 것을 잊은 적이 있었다. 고수를 빼달라고 부탁해야 했던 것을 홀라당 까먹어버린 것이다. 그렇게 한 상 가득 차려진 모든 음식에는 괴물 같은 '고수'가 올라가 있었다. 눈물을 머금고 음식을 입에 욱여넣었던 그날부터 나는 고수를 즐겨 먹기 시작했다. 황당하게도 고수를 싫어하던 취향이 정반대로 바뀌어버린 것이다.

영어를 쓸 때도 마찬가지였다. 처음 여행을 떠나왔을 때는 영어로 누군가와 소통하는 것이 부끄러웠다. 완벽하지 않은 영어 실력을 드러내는 것이 꺼려져 여행 첫날에는 밥을 굶기도 했다. 하지만 다양한 인종의 여행자들을 만나면서 나는 점차 회화에 익숙해져 갔다. 언젠가는 자신감 있게 영어를 뱉고 있는 나 자신을 발견했다. 친구와 대화를 하던 도중 내가 이렇게 물었다.

"너 내 말 다 이해하고 있는 거지?"

스스럼없이 영어를 사용하고 있다는 사실이 새삼스러웠기 때문이다. 이제 영어가 무서워 밥을 굶었던 그날은 우스꽝스러운 에피소드가 되었다.

'나'는 두 가지의 자아로 분류된다. 첫 번째로는 인식할 수 있는 내가 있고, 두 번째로는 인식하지 못하는 내가 있다. 지금까지의 경험을 토대로 나를 설명한다면, 그건 반쪽짜리 '나'인 것이다. '나'라는 존재는 내가 인식하지 못하는 부분까지 포함한다. 그렇기에 우리는 새로운 일에 도전해보기 전까지 스스로를 판단할 수 없다. 한평생을 다 살아본 것만 같은 취향과 명백한 호불호는 오만이다. 깊은 물에 몸을 던져보기 전까지 우리는 아무것도 알 수가 없다.

물에 뛰어들었던 그날 이후로 나는 깊은 물을 두려워하지 않는다. 바닥이 보이지 않는 새카만 바다 위에서도 스노클 하나만 끼고 신나게 수영을 한다. 과거의 나로서는 상상조차 하지 못할 일이었다. 나를 완전히 알지 못한다는 건 정말 기쁜 일이다. 나는 내가 재단한 능력 그 이상을 가지고 있을 수도 있다. 싫어하던 것들을 반대로 즐기게 될 날이 올 수도 있다. 미처 발굴하지 못했던 재능을 마주하게 될 시기가 올 수도 있다.

내 안의 바다를 탐험하는 일에는 많은 것이 필요하지 않다. 오만을 벗어던지고 보드카를 한잔 들이키면 된다. 그리고는 나른해진 몸을 던질 용기, 그거 하나면 된다.

07
언제나 빛나는 너 자신으로 살아가길

널 보면 반짝반짝 빛이 난다고 늘 생각했어.

낯선 땅에서 여행자는 참 가진 게 없다고 종종 느껴. 한국에서는 가족도 있고 학교, 직장, 다른 경력들도 꼬리표처럼 줄줄이 따라왔는데 말이야.

나는 그 모든 게 마음에 들지 않아서 그냥 혼자 뛰쳐나왔어.

막상 여행자가 되고 나서야 본질적인 것들을 고민하기 시작했어. 그런 꼬리표 없이 나는 누구인지 앞으로는 어떻게 살아가야 할지 이런저런 것들을.
근데 널 보며 생각했어. 꼬리표 없이도, 사람 자체로 이렇게

예쁠 수가 있구나 싶더라고. 가만히 있어도 빛이 나는 사람 있잖아. 우리 모두에게는 자신만의 빛깔이 있어. 그리고 너는 그중에서도 유독 반짝반짝 빛이 나는 사람이었어.

한국에 돌아가고 또 나이가 들수록 원하든 원치 않든 많은 꼬리표가 생길 거야. 하지만 그 모든 것 이전에 네가 있었다는 걸 기억해.

언제나 빛나는 너 자신으로 살아가길.
추신, 나는 이제 다합을 떠나서 탄자니아로 갈 거야. 다들 잘 있어!

MH가 남기고 간 편지

이곳에서 만난 열 번째 사람, 그녀는 아무것도 아니었던 나에게 빛이 난다고 했다. 어쩌면 우리 모두 끊임없이 밖으로만 펼쳐진 빛들을 좇아왔을지도 모른다. 그렇게 스스로의 존재를 오랜 세월 까먹어버렸을 수도 있다. 하지만 기억하자. 모두에게는 각자의 빛깔이 있다. 빛은 길이 아니라 내 안에 있다.

08
밤하늘에는 이름 없는 별들이 더 많다

밤하늘의 별들이 재잘거리는 소리에 살며시 고개를 들었다. 수많은 별이 천구에 흩뿌려져 있었다. 나는 습관처럼 별자리를 찾았다. 북두칠성부터 겨울철에만 볼 수 있는 오리온자리까지. 하지만 손끝으로 별들을 잇는 족족 주변에 보이는 작은 별들이 선 아래로 밟혔다. 북두칠성이 아니지만, 북두칠성 주변에서 빛나는 별들이 보였다. 오리온자리 주변을 작게 빛내는 별들도 보였다. 평소 보이지 않던 별들까지 밝게 빛나 밤하늘의 여백을 가득 메우고 있었다. 유난히도 별이 밝은 밤이었다.

우리는 작은 배 하나를 빌려 바다로 향했다. 주머니 속에는 어느 여행자가 한국에서 공수해 온 귀한 초장이 들어있었다. 무엇보다 밤에 하는 낚시가 '진짜'라는 소문을 익히 들어서였는지, 오랜만에 맛볼 횡재에 다들 한껏 신나 있었다. 하지만 작은 배는 생각보다 연약

했다. 배는 물살의 모양에 따라 저항 없이 움직였다. 가끔씩 찾아오는 커다란 파도를 타고 하늘 높이 날아오르기도 했다.

내 몸은 오른쪽으로 쏠렸다가 왼쪽으로 엎어졌다가를 반복했다. 결국, 몸뚱이와 함께 흔들리던 위장에서 헛구역질이 올라왔다. 그때 그가 나에게 손짓했다. 배 아래에 마련된 조그만 구멍으로 내려오라는 것 같았다. 그곳은 장화와 낚싯대가 널브러진, 창고처럼 쓰이는 틈이었다. 둘이 나란히 쪼그려 앉기에는 충분한 크기처럼 보였다. 갑판에 서서 헛구역질을 하던 나는 그 옆에 가서 나란히 앉았다. 꿉꿉한 장화 냄새가 났지만, 속은 조금 괜찮아졌다.

사람들은 여전히 배 위에서 고군분투를 벌이고 있었다. 하지만 나는 초장 맛을 보는 건 일찍이 포기했던 터라 미련이 없었다. 그래서 우리는 한동안 별이나 구경하기로 했다. 바다 한가운데서 바라보는 밤하늘은 경이로웠다. 시야에 걸치는 것 하나 없이 넓은 하늘이 펼쳐졌다. 세상이 바다와 하늘을 경계로 정확히 반으로 갈라지고 있었다. 우리는 머리 위에서 빙글빙글 돌아가는 천구에 완전히 마음을 빼앗겨버렸다.

겨울철 별자리인 오리온자리는 차가운 밤하늘을 묵묵히 지키고 있었다. 겨울밤 하늘을 올려다보면 언제나 오리온자리를 찾을 수 있다. 별 중에서도 유독 빛나 보이는 별들을 선으로 연결하면 사다리꼴이 그려진다. 그게 바로 오리온의 치마이다. 사다리꼴 위로 펼쳐진 오각형은 그의 상체이다. 그 옆으로 팔다리를 연결하면 오리온의 자태가 늠름하게 펼쳐진다.

오리온자리를 이리도 쉽게 찾아내기까지는 오랜 시간이 걸렸다. 나는 여행을 시작하기 전까지 언제나 별이 없는 세상에서 살았다. 고등학교 시절, 축축한 교실이 나의 낮이었다. 그리고 형광등이 반짝이는 자습실이 나의 밤이었다. 보름달이 남쪽에 걸쳐진 시간에도 나의 밤은 낮보다 밝았다.

학교라는 좁은 세상에는 잔인한 규칙이 있었다. 전교생 오백 명을 성적순으로 나열하고, 그중 서른 명을 골라 특별한 반을 만드는 시스템이었다. 운이 좋게도 나는 특별반에 속한 학생이었다. 그래서 낡아빠진 교실 한편에 놓인 책상이 내 차지였다. 그 책상은 학교라는 작은 사회에서의 계층을 대변했다. 그 책상 덕분에 나는 특별한 수업을 들을 수 있었고, 선생님들의 집중적인 케어도 받을 수가 있었다. 학교가 유난히도 공을 들이는 특별한 신분이 바로 그 책상이었다.

일 년에 네 번의 시험이 있었다. 그 말은 서른 개의 책상 주인이 일 년에 네 번씩이나 바뀐다는 의미이다. 특별반에 속한 아이들은 잠을 자지 않았다. 늦은 밤까지 그곳에 꿋꿋이 남아 본인들의 책상을 지켜냈다. 그 사이에 앉아 있던 나는 커피를 씹어먹으며 샤프로 허벅지를 찔러댔다. 그리고 캄캄한 새벽에 기숙사 침대에 누웠다. 어렴풋이 서너 시간 정도를 자면 알람이 울렸다. 해가 막 떠오르기 시작하는 다섯 시 반이었다. 학교에 1등으로 도착한 나는 자습실의 형광등을 켰다. 그건 새로운 아침이 아닌 낮의 연장선이었다.

밤하늘의 존재조차 몰랐던 나의 주 과목은 우습게도 천체였다. 별들의 시차와 달이 떠오르는 위치를 계산해 내는 일에는 누구보다 자신이 있었다. 하지만 한 번은 시험을 단단히 말아먹은 적이 있었다. 지구과학뿐만 아니라 생명과학도 영어도 몽땅 말아먹었다. 선생님은 교탁에서 번호 순서대로 점수를 부르고 있었다. 마지막으로 내 차례가 왔다. 점수를 들은 나는 앉아있는 상태로 얼음이 되었다. 그리고는 입을 크게 벌린 채로 엉엉 소리 내어 울었다. 빼곡하게 별자리를 정리해 둔 공책 위로 닭똥 같은 눈물이 떨어졌다.

남들 앞에서 소리를 내어 우는 건 창피하지 않았다. 그보다 수치스러운 것은 특별한 신분을 빼앗겼다는 사실이었다. 내 자리를 차지할 사람은 누가 될까. 평범한 책상을 부여받은 나는 친구들의 시선을 감당할 수가 있을까. 이런저런 생각이 나를 괴롭혔다.

나는 스스로를 불쌍하게 여겼다. 마치 평민으로 전락하는 귀족이 나오는 영화의 주인공이 된 것처럼 행동했다. 그때부터 나는 밤을 더

욱 경계했다. 책상 위에서 어쩌다 잠든 날에는 분해서 눈물을 흘렸다. 다섯 시 반에 일어나지 못한 날에는 머리를 쥐어뜯었다. 그래도 화가 풀리지 않을 때는 양쪽 뺨을 세게 내리쳤다. 뺨을 한 대, 두 대 때릴수록 볼 따귀가 시큼해지면서 피부 겉이 간질거렸다. 나는 그렇게 벌게진 볼을 하고 학교로 향했다.

여행을 떠나오고 나서야 알았다. 세상에 이리도 많은 사람이 밤하늘을 올려다보며 살아가고 있었다는 것을. 같은 하늘 아래서 다른 삶이 펼쳐지고 있었다. 내가 밤이 없는 세상을 살아갈 동안, 누군가는 사막 위로 펼쳐진 끝없는 은하수를 보았다고 했다. 그녀는 그 시절 여행하며 돈을 버는 삶을 꿈꿨다고 했다. 그녀는 프리랜서가 되어 지금까지 세상을 여행해오고 있었다. 또 다른 누군가는 그 무렵 스쿠버 다이빙 강사가 되었다. 오랫동안 이어진 여행 끝에 정착할 나라를 찾았던 것이었다. 나는 한동안 그의 삶을 동경했다. 그에게 일자리는 좁아터진 연구실이나 사무실이 아닌, 전 세계의 바다였다.

그리고 지금 나와 밤하늘을 올려다보고 있는 이 사람은, 몇 년 전부터 여행 유튜브를 시작했다고 한다. 유튜브로 수익을 내며 여행을 하는 것이 본인의 꿈이었다고 그가 말했다. 전 세계를 유랑하며 돈을 버는 삶이라니, 듣기만 해도 낭만적이었다.

"나 오늘 자랑할 게 있다. 조금 오래된 목표를 이제야 이뤄냈어."

밤하늘을 올려다보던 그가 입을 열었다.

"혹시 유튜브 말하는 거야?"

"응. 나 이제 필요한 만큼 돈을 벌어. 앞으로도 쭉 여행하는 삶을 살게 되겠네. 시간은 조금 걸렸지만, 결국에는 이뤄냈어."

그의 얼굴에 푹신한 미소가 번졌다. 같이 있는 사람을 편안하게 하는 그의 독특한 강아지 웃음이었다. 그는 이제 다합을 떠날 것이라고 이야기했다. 더 다양한 컨텐츠를 만들어 내기 위해서는 이곳을 떠날 수밖에 없다며 아쉬움을 표했다. 그는 그렇게 갑작스러운 작별을 이야기했다. 떠나는 이의 발걸음이 이토록 가벼울 수도 있는 건지. 꿈을 이뤄낸 그의 뒷모습에는 행복이 가득해 보였다. 밤하늘의 별들을 바라보던 나는 고개를 돌려 그의 얼굴을 바라보았다.

"나는 세상을 사는 방법이 단 두 가지라고 생각했어. 높은 곳에 머물거나, 아래로 추락하거나. 하지만 그게 아니었네. 세상은 우주만큼 넓은 거였네."

나는 벌게진 양쪽 뺨을 옷소매에 파묻으며 말했다. 이제야 가렵기만 했던 볼 따귀가 아려오기 시작했다.

다시 고개를 들어 하늘을 올려다보았다. 공책에 그려진 어설픈 오리온자리가 아닌 진짜 별들의 모양이 내 눈앞에 펼쳐져 있다. 수많은 별이 빛나는 밤하늘에는 별자리가 보이지 않았다. 그건 마치 끊어진 목걸이에서 떨어져나와 바닥을 나뒹구는 진주알처럼 무질서했다. 눈이 어둠에 익숙해지니 빛이 옅은 별들도 선명해지기 시작했다. 그렇게 오리온의 치맛자락은 선을 잃어갔다. 나는 사다리꼴 밖에서 빛나고 있는 별들을 바라보았다. 문득, 그것이 그를 닮았다고 생각했다.

흐리게 보이는 별들은 빛이 약하기 때문에 흐려 보이는 게 아니다. 단지 지구에서 멀리 떨어져 있을 뿐이다. 우주 속 먼지에 불과한 지구의 시야는 야속하리만큼 좁다. 그래서 지구에게는 태양과 달, 그리고 또렷한 별자리들이 전부이다. 하지만 우리의 시선이 닿지 못한 곳에도 여전히 별들이 존재한다. 그 별들은 우주 어딘가에서 여전히 밝게 빛나고 있다. 우리가 바라보든 바라보지 않든.

세상의 시선은 겨울마다 오리온자리를 찾아 헤매겠지만, 나는 이름 없는 별들을 아로새기기로 한다.

이제는 파도가 두렵지 않아

폭풍우가 치는 날, 매서운 파도를 온몸으로 맞아내는 일은 괴롭다.

우선 수면에서의 멀미를 감당해야 한다. 그리고 동물적 감각으로 살아나는 공포에 맞서야 한다. 매서운 파도 위에서 침착함을 유지하기란 여간 어려운 일이 아니다. 온몸의 힘을 빼야 물 아래로 가라앉을 수가 있는데, 헛구역질을 할수록 몸에 힘이 바짝 들어가니 쉽지 않다.

하지만 힘을 푸는 바로 그 순간 깊은 바닷속으로 하강을 시작한다. 단 5m만 내려가도 바다는 고요하다. 낮잠을 자는 거북이와 평화롭게 헤엄치는 물고기들을 마주할 때의 뻘쭘함이란. 바깥에 비가 내리든 바람이 불든 바닷속은 잠잠하다. 심연은 파도의 높이에도 개의치

않는다. 바닷속 세상에서 파도의 존재는 실없는 것이다.

수면을 경계로 세상이 둘로 나뉘고 있었다.

나는 가만히 누워 머리 위로 펼쳐지는 파도의 움직임을 관찰했다. 깊은 곳에는 미치지 못하는 파도의 요란함에 허탈감을 느꼈다. 수차례 파도에 속아 깨지기를 반복하고 나서야 헛구역질을 멈췄다.

이제는 파도를 두려워하지 않는다. 강한 파도가 몰아칠 때는 두 눈을 질끈 감는다. 천천히 숨을 내쉬며 온몸의 힘을 뺀다. 그리고 물속으로 가라앉는다. 눈을 뜨는 순간 새로운 세상이 펼쳐진다. 그렇게 모든 고통은 일시적인 것이 된다.

10
좋아하는 곳을 찾았다면 그걸로 됐어요

배낭을 한 번쯤 메본 사람은 모두 그의 이름을 안다. 여행가들 사이에서는 연예인이나 다름이 없는 그는 영상을 만드는 사람이었다. 고등학생 시절 그의 영상을 접하며 배낭여행에 대한 환상을 키웠었다. 그래서 그가 다합에 찾아온다는 소식을 듣고는 며칠 전부터 잠을 설쳤다.

좋아하는 연예인을 우연히 만난다면 어떻게 인사를 해야 할까? 학창 시절 책상에서 딴짓 거리를 할 때면 말도 안 되는 상황을 상상하고 그에 따른 메뉴얼을 만들곤 했었다. 그래서 나에게는 체계적인 행동 패턴이 있었다. 우선 자연스럽게 그에게 인사를 건넨다. 다른 팬들이 건넸을 법한 식상한 말들은 삼간다. 특별한 인사말을 건네고, 사람 대 사람으로 대화를 이어가기는 무슨…. 나는 그를 보자마자 부끄러워 고개를 푹 숙였다. 그리고 어물쩍거리며 기타를 치는 척했다.

좋아하는 연예인을 앞에 두고 인사조차 건네지 못하다니. 세상에서 가장 바보 같은 사람이 바로 나다.

나는 결국, 그날 밤 후회에 가득 차 이불을 뻥뻥 찼다. 하지만 같은 공간에서 숨을 쉬고 있다는 것만으로도 심장이 두근두근 뛰는 걸 어쩌란 말인가.

두 번째 기회를 얻은 것은 밤바다 앞에서였다. 오늘만큼은 꼭 그에게 인사를 건네리라, 속으로 열 번이나 다짐했다. 사람들은 모닥불을 피운 채 그 위에 고구마를 구워 먹고 있었다. 그는 불쏘시개로 타닥거리는 시뻘건 불을 쿡쿡 찔러대고 있었다. 나는 용기를 내어 냉큼 그의 옆자리에 가서 앉았다. 쭈뼛거리던 나는 침을 꼴깍 삼키고는 이렇게 대화를 시작했다.

"여행하는 분이세요?"

이미 여행을 하고 있는 사람에게 여행하는 사람이냐니…. 이상한 질문을 뱉어버린 나는 속으로 비명을 질렀다. 그날 밤 몇 번이나 이불을 더 차야 정신을 차릴 수 있을까 싶던 차, 그가 대답했다. 그는 혼자 떠나온 오랜 여정 끝에, 여행에 흥미를 잃어버렸다고 말했다. 먼 대륙을 횡단하던 와중 돌연 여행을 멈추고 다합에 돌아왔다고 그가 이야기했다.

의외의 대답이었다. 덕분에 그에게 전하고 싶었던 마음속 편지들이 모닥불 위로 던져졌다. 사실 나는 그에게 고맙다는 말을 전하고 싶었다. 어릴 적 나는 그의 영상을 통해 넓은 세상을 접했다. 가벼운 배낭 하나만 메고 전 세계를 유랑할 수 있다는 사실을 그를 통해 알

았다. 그전까지 세계 일주는 부자들만 누릴 수 있는 사치라고 생각했었다. 그래서 언젠가 그를 만나면 이렇게 말하고 싶었다. 당신의 여정을 통해 배낭여행을 꿈꿨고, 이제야 홀로 떠나온 여행은 기대했던 것만큼 근사하다고. 하지만 지쳐 보이는 그의 얼굴을 보고 있자니 차마 입이 떨어지지 않았다. 어떠한 말로도 그에게 부담을 주고 싶지 않았다.

그는 묵묵히 고구마를 포일에 쌌다. 그리고는 불 위로 고구마를 힘껏 던졌다.

"다합에는 얼마나 계셨어요?"

이번엔 그가 물었다.

“이제 세 달째예요. 원래는 세계 일주를 하고 싶었어요. 많은 곳을 돌아보고 싶어서 나온 여행인데, 이곳에서 시간과 돈을 전부 쓰고 있네요. 더 넓은 곳들을 보려면 당장 다합을 떠나야 할 텐데 말이에요.”

그는 불꽃 끝에서 아른거리던 시선을 나에게로 돌렸다.

“그런 게 어디 있어요. 나를 봐요, 먼 곳까지 가서야 다합에 돌아왔잖아요. 지구 어디를 가든 다 비슷해요. 산이 있고 바다가 있고 교회가 있죠. 여행은 많이 보기 위함이 아니에요. 좋아하는 곳을 찾았다면 그걸로 됐어요. 가능한 오래 좋아하는 곳에 머물면 돼요.”

그의 말이 맞았다. 세계 일주를 한다고 굳이 오대양 육대주를 전부 돌아볼 필요는 없었다. 또 책에 나온 정해진 루트를 따라 순서대로 움직일 필요도 없었다. 반시계 방향으로 정갈하게 돌 필요도 없고, 누군가의 말대로 시계방향으로 돌 이유도 없다. 멀리 보고 싶을 때는 멀리 나아가면 된다. 반대로 깊게 보고 싶을 때는 한 군데에 오래 머물면 된다. 세계 여행에 정해진 정답 같은 건 없었다.

어릴 적에는 그를 따라 넓어지기만 하는 여행을 꿈꿨다면, 이제는 반대로 깊어져 보기로 한다. 누군가의 여행을 따라 하기보다는, 나만의 여행을 계획해 가기로 한다. 더군다나 한 나라에 오래 머물다가 당신까지 만나게 되었으니 이보다 더한 행운이 없다.

나는 그가 다합을 떠날 때까지 팬이었다는 사실을 말하지 못했다. 휴식을 취하러 다합까지 온 그에게 굳이 부담을 주고 싶지도 않았고, 여전히 부끄러움이 남아 있었기 때문이다. 앞으로도 말하지 않을 작정이었으나 언젠가 한 번 들켜버렸다. 예전에 그의 영상에 달았던 댓글을 누군가 찾아냈기 때문이다. 이럴 때면 세상이 참 좁은 것만 같다. 그 댓글은 사람들 사이에서 돌고 돌다 결국 그에게 닿았다. 나는 그날 밤 또 몇 번이나 이불을 찼지만, 차라리 잘된 일인 것 같기도 했다. 내가 그를 정말 좋아했음을 이렇게라도 알릴 수 있었으니 말이다.

클랙슨 소리로 귀가 찢어질 것만 같았던 델리 한복판이었다. 인력거의 바퀴가 슬리퍼 앞창을 밟을 듯했고, 릭샤들이 휙 방향을 틀며 내 머리를 위협하고 있었다. 소똥과 날파리에 정신이 없던 와중에 주머니에서 진동이 울렸다. 그에게서 온 연락이었다. 이번에는 솔직하게 털어놓기로 한다. 당신이 예전에 여행했던 이곳 인도까지 왔다고. 오랜 시간이 지나 닿은 이곳은 여전히 어지럽지만, 영상에서 봤던 것만큼 재밌다고 말했다.

그리고 미처 전하지 못했던 말들을 떠올렸다. 당신의 그 길었던 여정을 나는 오래전부터 동경해왔다고. 넓은 세상을 꿈꿀 수 있게 해주어 정말 고맙다고. 나도 누군가에게 여행이라는 꿈을 심어주는 그런 사람이 되겠다고 말이다.

11

우리 그냥 멀리 떠나버리는 거 어때?

물을 싫어한다고 말할 바에는
수영하는 법을 모른다고 하는 게 어때.

향신료를 안 먹는다고 말할 바에는

그 맛을 잘 모른다고 하는 게 어때.

좋아하는 게 없다고 말할 바에는
나를 아직 잘 모른다고 하는 게 어때.

떠날 용기가 없다고 말할 바에는
영어를 한 자 더 외우는 게 어때.

이렇게 살고 싶지 않다고 말할 바에는
아프리카 작은 마을을 보고 오는 게 어때.

꿈이 없다고 말할 바에는
피라미드에 가보고 싶었다고 말하는 게 어때.

우리 이럴 바에는,
그냥 멀리 떠나버리는 거 어때?

12

여행은 반드시 무언가로 환원된다

지구 한가운데서 우리가 다시 마주칠 확률을 계산해 본다. 세상에 나! 그를 다시 만났다. 부다페스트공항에서. 커다란 배낭을 멘 그가 저 멀리서 뛰어오며 나에게 이렇게 소리쳤다.

"야! 네가 지금 이 공항에서 가장 새까만 거 알아?"

콩처럼 새까만 사람을 주시했더니 그게 나였더란다. 그렇게 말하는 당신도 만만치 않다고 내가 말한다. 지난 4개월 동안 당신도 나도 정말 새까맣게 타 있었다. 별안간 게이트 앞에서 서로의 피부 색깔을 비교하다가는 웃음을 터뜨렸다. 그리고는 머지않아 풀썩 주저앉았다. 지난 시간이 새까맣게 아려왔다.

우리가 다합에서 처음 만났던 그 시절을 떠올린다. 학교를 박차고 나온 지 얼마 되지 않았던 당신도 나도 그때는 새하얬었다. 우리는 태닝 오일을 잔뜩 바른 채로 바다 앞에 누워 또래의 고민을 나눴

었다.

못 본 새 그는 대학생 신분을 벗어났다. 학교를 그만둔 것이다. 그는 다합으로 돌아가서 다이빙 강사가 되기로 결심했다고 한다. 그에게 잘 어울리는 선택이었다. 그는 분명 다이빙과 수영을 가르치는 일에는 재능이 있었다. 반대로 나는 다합을 떠나 유럽을 여행하고 오는 길이었다. 그리고 새로운 나라로 향하는 비행기 앞에 서 있었다. 자그마치 5개월을 바다에서 보냈건만, 다이빙에 재능을 찾는 기적은 일어나지 않았다. 자신의 길을 찾아낸 그는 다합으로 돌아가고 있었고, 길을 찾지 못한 나는 여전히 어딘가를 서성이고 있었다.

나는 조심히 나무 탁자에 대한 이야기를 꺼냈다. 다합을 떠나기 전 그 탁자를 태워버렸다고 그에게 고백했다. 우리가 함께 지냈던 집에는 나무로 된 탁자 하나가 있었다. 그 위에는 우리가 그렸던 그림들이 빼곡했다. 그리고 글자 몇 자가 적혀있었다. 그곳에 함께 머물렀던 이들의 이름이었다. 물론 그중에는 당신의 이름도 있었다. 탁자 위에 적힌 이름들은 하나, 둘, 다합을 떠나갔다. 마지막으로 내가 떠

날 차례가 왔을 때 나는 탁자를 태워버리기로 했다. 차마 추억이 담긴 물건을 길바닥에 내다 버릴 수는 없었다. 내가 떠난 뒤 쓰레기통 주변을 뒹굴고 있을 이름들을 생각하니 가슴이 시렸다. 차라리 태워 버리는 것에 낫겠다는 누군가의 말을 듣고 곧장 탁자에 불을 질렀다.

책상이 불에 타오르면서 쩍 하고는 갈라졌다. 나무의 결대로 얇게 갈라진 판자들이 각자의 불길을 따라 타올랐다. 새빨간 불길이 굳세고 아름다워 한참 동안 탁자에서 눈을 떼지 못했다. 그들의 이름이 불길 속에서 활활 타올랐고 결국에는 사라져 버렸다. 나는 사라진 이름들 앞에 쭈그려 앉아 애써 눈물을 참았다.

"잘 가."

그들과 함께 했던 시간을 꾸역꾸역 삼키다가는 고개를 떨어뜨렸다.

"행복했던 순간은 결국 다 과거가 되는구나."

그런데 떨어뜨린 고개 아래로 새카만 재들이 보였다. 우리처럼 새까매진 재들은 하늘에 날렸고, 땅에도 선명히 자국을 남겼다. 나무를

태워버리면 그저 사라져 버릴 줄로만 알았다. 하지만 탁자는 사라지지 않고 다른 모습으로 형태를 바꾸고 있었다. 나는 다음날 하늘을 가득 채웠던 기이한 먹구름을 보며 탁자를 떠올렸다. 혹시 그 먹구름이 흩날린 재들의 흔적은 아닐까 생각했다.

모든 것은 사라지지 않고 다른 무언가로 환원된다. 불에 타올랐던 그 나무 탁자도, 우리의 운명적이었던 만남도, 바다에서의 오랜 기억들도. 그리고 지금 이 여행마저도. 여행은 반드시 무언가로 환원된다. 여행이 끝나는 순간 지나온 여정들은 다른 형체가 되어, 여전히 내 안을 돌고 돌 것이다.

타국의 진한 햇살에 새까매진 우리의 팔뚝이 보였다. 마치 잿더미 같아 보였다. 그가 걸어온 스페인의 순례길, 구석구석의 알베르게, 파리의 에펠탑과 유럽의 언어들을 떠올렸다. 당신의 여정은 조금 빠르게 타들어 갔나 보다. 그래서 당신을 다시 다합으로 이끌고 있나 보다. 그렇다면 나의 여정은 아직도 활활 타오르는 중일 테다. 천천히 타들어 가도 불길만큼은 굳세다. 분명하게 재를 남기고 있으니 더 이상 의심하지 않기로 한다. 그는 바다를 향해 떠났다. 나는 미지의 세계로 향했다. 그렇게 각자의 게이트를 향해 묵묵히 걸음을 옮겼다.

우리 언젠가는 다시 마주치길. 조금 더 새까매진 피부색을 하고, 활활 타올랐던 그 시절을 이야기하자.

Chapter 04

나만의 색깔을 찾다

: 인도

01
인도의 시간은 나선형으로 흐른다

어수선하다. 이곳저곳에서 탄식이 흘러나오는 것을 보니 비행기 시간이 또 지연되었음에 틀림없다. 늦은 밤 출발해야 했던 비행기가 아침이 되어도 공항에 도착하지 않았다. 짜증이 가득 섞인 목소리들이 나의 얕은 잠을 깨워댔다. 춥다. 얇은 점퍼 하나에 팔과 다리, 그리고 발꼬락까지 간신히 쑤셔 넣고 잠을 잤으니. 온몸이 밤새 차갑게 식어있었다.

어젯밤 진작에 비행기에 올랐어야 하는 나는 아직도 방콕, 수완나품 공항에 있다. 안대를 벗고는 부스스한 얼굴에 공기로 두어 번 세수를 했다. 그리고 베개인지 배낭인지 용도가 불분명한 가방을 어깨에 걸치고 게이트 앞으로 찬찬히 쓰레빠를 끌었다.

역시나. 비행기 시간은 두 시간이나 더 늦춰져 있었다.

"도대체 무슨 이유로 출발이 지연되는 거죠? 벌써 여섯 시간이나

넘게 기다렸잖아요. 날씨 때문인가요 아니면 델리에 무슨 일이라도 난 건가요. 이유라도 좀 알고 기다립시다."

꼬질꼬질하고 키 작은 여자의 성질에 승무원은 별안간 짜증을 냈다. 황당한 일이었다. 본인들도 이유를 알 수 없어 답답할 뿐이라고 키가 큰 승무원이 말했다. 덧붙인 말은 더욱 가관이었다.

"어쩔 수 없어요. 이건 델리에서 오는 비행기잖아요."

눈알을 요리조리 굴려대며 굳이 '델리'에 악센트를 다는 직원에게 더 이상의 컴플레인은 무의미해 보였다. 사실 대답을 듣지 않아도 짐작은 하고 있었다. '델리' 그 자체가 이유인 것을.

지금까지 믿어온 모든 관념이 허물어지는 곳, 그곳이 바로 인도이다. 인도에서 시간은 갠지스의 강물처럼 형체 없이 흐른다. 여섯 시간이든, 여덟 시간이든, 세상의 박자를 인도에 논하는 순간 그곳을 벗어날 때까지 울상을 펴지 못할 것이다.

인도의 시간은 나선형으로 흐른다. 열 시에 출발해야 하는 기차는 항상 열두 시에 출발하고, 정시에 출발한 기차는 네다섯 시간이 늦어서야 목적지에 도착한다. 기차가 달리는 시간의 간격을 누군가 새끼줄처럼 꼬아버린 것이다. 그렇지 않고서야 비정상적으로 흘러가는 시간을 이해할 수 없다.

이해하기보다는 차라리 받아들이는 것이 낫다. 인도에서 달라지는 건 시간개념뿐만이 아니다. 아침 일찍 델리에 도착한 나는 한동안 굶주린 배를 채우기 위해 식당에 들렀다. 하얀색으로 얇게 펴진 '난'이라는 빵 몇 조각과 '커리'가 나왔다. 당연히 숟가락은 없었다. 예상한 일이었지만 그래도 난감했다. 옆자리 남성은 노래진 손바닥으로 열심히 음식을 주워 먹고 있었다. 나는 깍쟁이처럼 두 손가락만 사용해서 어찌저찌 음식을 해치웠지만 조금 찝찝했다. 하지만 인도인들에게는 숟가락을 사용하는 것이 찝찝한 일이다. 그들은 숟가락을 돌려가며 사용하는 것을 더럽다고 생각한다. '침'이 음식을 오염시키는 원인이라고 생각하기 때문이다. 우리에게 깔끔한 것이 인도에서는 더러운 것이 된다.

식당에서 나와 조금 더 멀리 나가 보기로 했다. 거리에는 파마약처럼 톡 쏘는 구린내가 가득했다. 그 정체는 바로 삭은 오줌 냄새였다. 거리 곳곳에는 하수구처럼 작은 구멍이 마련되어 있었는데, 알고 보니 그게 다 화장실이었다. 지린내에 코가 마비되었을 즈음에야 거리 곳곳에서 향냄새가 올라왔다. 길을 빼곡히 메운 가게들에서 흘러나오는 냄새였다. 모든 상점 안에는 신을 닮은 형상이 있었으며, 가게 주인들은 그 위에 향을 피우고 기도를 했다.

걷다 보니 커다란 성 앞에 닿았다. 지도를 확인하니 그 성이 바로 '레드 포트'였다. 그 앞에는 자그마한 놀이공원이 있었다. 롤러코스터나 회전목마 따위는 갖출 수 없는 아주 협소한 간이 놀이공원이었다. 그런데 디즈니랜드에서나 들어봤을 법한 굵직한 비명이 쏟아져 나왔다. 그것도 '관람차'에서 말이다. 호기심을 참지 못했던 나는 그 관람차 앞으로 다가갔다.

하늘색 페인트로 대충 칠해진 관람차는 삐거덕거리는 소리를 내며 위태롭게 돌아가고 있었다. 그것도 매우 빠른 속력으로. 관람차는 마치 고속도로를 달려가는 타이어처럼 재빠르게 회전했다. 그 말도

안 되는 속력을 설명하자면, 관람차의 작은 바구니들이 원심력의 방향을 따라 바깥으로 치우쳐질 정도였다. '관람차'에서 '관람'의 의미를 상실한 것처럼 보였다.

열다섯 정도 되어 보이는 남자아이들이 그 앞에 줄을 서고 있었다. 다들 발을 동동 구르는 것을 보니 잔뜩 기대하는 눈치였다. 누군가는 줄을 서는 내내 가슴을 부여잡고 식은땀을 뻘뻘 흘리기도 했다. 누가 보면 바이킹을 기다리는 사람들로 착각할 법도 하다. 이곳에서 관람차의 개념은 세상의 개념과 조금 달랐다. 인도의 관람차는 바이킹이나 롤러코스터처럼 '스릴'을 담당하는 장치였다.

인도를 여행하고 싶다면 사물의 개념을 영점으로 돌려놓는 연습을 해야 한다. 우선, 정형화된 모든 개념을 본래의 형태로 끌어 온다. 그리고 텅 빈 개념의 공간에 새로운 해석을 부여한다. 마치 빠르게 돌아가는 저 관람차처럼 말이다. 인도는 텅 비어있는 관람차의 구조물에 새로운 개념을 부여했다. 적어도 이곳에서만큼은 관람차는 빠르게 돌아가는 놀이기구이다.

작은 부스 안에서 담배를 피우고 있는 아저씨가 표를 판매하고 있었다. 나는 이 말도 안 되는 광경을 눈에만 담기 아쉬워 표를 한 장 구매하기로 했다. 관람차에 오르자, 한 칸 너머에 아까 그 소년들이 보였다. 관람차 내부에는 어떠한 안전장치도 없었기에 그들이 어떻게 타는지 보고 슬쩍 따라 할 셈이었다. 아니나 다를까, 그저 다리에 힘을 꽉 주고 벽을 잡고 버티는 식이었다.

엄청난 굉음, 고물이 돌아가는 소리가 났다. 소리가 커질수록 관람차는 더욱 빠르게 돌아갔고, 결국 나는 비명을 터뜨렸다. 순간적으로 위협을 느낀 나는 저 멀리 있는 소년들을 바라보았다. 그들도 다를 것 없이 비명을 내지르고 있었다. 그런데 자세히 들어보니 그건 환호 소리에 가까웠다. 소년들은 롤러코스터를 타는 학생들처럼 신명 나는 비명을 내지르고 있던 것이다. 그들은 무엇이 그리도 기뻤던 것일까? 그들의 함성에 온몸의 장기가 바이킹을 탈 때처럼 하늘로 붕 떠버렸다. 그리고는 관람차와 함께 땅으로 곤두박질쳤다.

자음과 모음이 분리된 단어들이 무게를 잃고 땅에서 나뒹굴었다. 모두 새로운 해석을 부여받길 기다리고 있었다. 그중 가장 커다란 글씨는 시간이었다. 빙빙 꼬아져 버린 나의 시간마저 이 관람차 위에서 영겁으로 되돌아가고 있었다.

언제부턴가 나선형으로 흐르기 시작한 나의 시계는 이제 만 스물셋을 가리킨다. 직선으로 곧은 친구들의 시간은 졸업을 가리키고 있었다. 그런데 나는 여전히 구부러진 시간 가운데 서 있다. 휴학계를 낸 지는 삼 년, 여행을 시작한 지는 이 년째 되는 날이다. 며칠 전 한국에서 날아온 사진 몇 장에는 학사모를 쓴 친구들이 서 있었다. 그들은 졸업 가운을 입고 꽃다발을 품에 안고 있었다. 친구들의 졸업사진과 한없이 펼쳐진 모래사막을 번갈아 볼 때면, 나의 시간은 어디로 흐르고 있는 것인지 종잡을 수가 없었다. 학사모가 어울리는 나이의 나는 여전히 세상을 유랑하고 있다.

때문에, 인도가 그러하듯 나도 그러했다. 질서라고는 존재하지 않는 무의 상태로 돌아가, 작은 것부터 재건하기를 반복했다. 숟가락을 쓰는 대신 가끔은 손으로 커리를 집어 먹었다. 연착되는 기차 앞에서

몸을 배배 꼬아댈 바에는, 돗자리를 편 사람들 사이에 앉아 책을 읽었다. 시체가 떠다니는 갠지스강물에서 수영하는 사람들을 바라보았다. 그리고 그 앞에서 여유롭게 짜이를 마셨다. 사막 한가운데에서 침낭을 펴고 잠을 잤다. 무수한 사막의 별들을 바라보며 내 삶의 가치들에 새로운 역할을 부여했다.

여행에 적절한 나이는 없다. 졸업에 마땅한 나이도 없다. 학교는 시기를 강요하는 장치가 아니다. 배움은 조급함을 달래기 위한 목적이 아니다. 삶은 엘리베이터를 타고 높은 층으로 올라가는 지루한 과정이 아니다. 나의 세상은 도화지 같은 것이어서, 마음먹는 대로 그려낼 수 있는 여백이다. 나의 여정은 그 여백을 가득 채우는 물감이다. 어린 날의 다채로운 경험이야말로 세상에 단 하나뿐인 붓이다.

이제는 나이라는 개념마저도 영점으로 돌려놓기로 한다. 세계지도에 그려온 그동안의 행적이야말로 내가 먹은 나이이다. 터무니없이 흘려보낸 시간을 숫자로 계산할 바에는, 커다란 지도 위에 핀셋을 꼽기로 한다. 나는 가고 싶은 인도의 도시들을 순서대로 나열하고는 그 위에 핀을 꼽았다. 내가 앞으로 먹어갈 나이들이 커다란 인도 대륙 위에 놓여있었다. 사막의 밤하늘, 히말라야의 차가운 공기, 갠지스강의 씁쓸한 물맛으로 늙어간 나는 어떤 어른이 될까.

이제부터 나의 시간은 나로 인해 세워진다.

02
화장터 앞에서 벌이는 축제

죽은 사람을 만났다. 갠지스강의 화장터에는 가루가 되기를 기다리는 송장들이 줄지어 있었다. 그들의 형체는 사람이라기보다 건어물에 가까웠다. 수분과 영혼이 빠져나간 표피는 바싹 말라 갈색을 띠었다. 발목만 남긴 채 이미 가루가 된 송장도 있었고, 이제 막 타오르기 시작하는 송장도 있었다. 누군가의 모가지는 네모난 장작 나무 밖으로 튀어나와 있었다. 나는 그의 얼굴을 자세히 보기 위해 타오르는 불길 속으로 다가갔다. 가까이서 바라본 그는 입을 쩍 벌리고 있었다. 마치 비명을 삼키고 있는 것 같았다. 저 커다란 입으로 무언가 한주먹은 빠져나간 것처럼 보였다. 한때는 짜고도 신 음식을 욱여넣었을 그 구멍의 용도를 상상해 보았다. 이제는 마른 공기를 허망하게 머금은 채 타들어 가기를 기다릴 뿐이다.

그의 커다란 입을 보고 있자니 부레가 떠올랐다. 부레의 존재에 대

해 알게 된 건 대학교 생물학 실험 때였다. 그날 나는 강의실에 도착하기 전부터 심장을 부여잡았다. 그토록 기피했던 해부학 실험을 하는 날이었다. 강의실 문을 열자 비릿한 물 냄새가 났다. 칠판 아래에 반 평 남짓 되어 보이는 수조가 있었고, 그 안에 붕어들이 학생들의 수만큼 있었다. 그들은 커다란 입을 떡하니 벌린 채로 물 위로 간신히 뻐끔거렸다. 그들을 연민하지 않기란 어려웠다. 붕어들은 고작 레포트 한 장에 올라갈 시체가 되기 위해 죽음을 기다리고 있었다. 해부된 채로 버려지는 게 그들의 운명이었다.

책상 위에서 붕어가 파닥거렸다. 아가미는 세차게 부풀어 올라 내 빰따귀에 물방울을 튀겼다. 고통스럽게 헐떡이는 붕어와 눈을 마주칠 때마다 심장이 조여왔다. 하지만 조교는 자신의 붕어로 시범을 보이며 이렇게 말했다.

“가능한 오랫동안 붕어를 살려 둬야 해요. 그래야 움직이는 심장을 볼 수가 있거든요.”

조교는 얇은 메스로 붕어의 배를 세로로 갈랐다. 내 붕어도 ‘찌직’ 하는 소리와 함께 갈라졌다. 나는 차례대로 그의 장기를 분리했다. 붕어는 자신의 콩팥이 분리되는 장면을 두 눈으로 지켜보고 있었다.

심장과 간, 창자를 분리하고 보니 커다랗게 부푼 장기 하나가 보였다. 하얀색 풍선을 닮은 그것이 바로 부레였다. 붕어가 부력을 조절할 수 있는 것은 이 부레 덕분이다. 부레는 일종의 공기주머니이다. 붕어는 풍선같이 생긴 부레에 공기를 넣고 빼면서 자신의 부력을 조절한다. 덕분에 부레는 다른 장기들보다 커다란 부피를 자랑했다. 그래서 붕어의 몸의 상당 부분을 차지하고 있었다. 붕어는 허망한 눈동자를 한 채로 자신의 부레를 지켜보았다. ‘부레’의 존재는 그에게도 낯설었던 탓이었다. 나는 그의 부레를 꺼내 A4용지 위에 살며시 올렸다.

부레는 심장처럼 열심히 뛰며 피를 만들어 내지도 않는다. 그렇다고 똥을 만들지도 않는 게 허망하게 공기만 가득 품은 채 붕어의 뱃속을 괴롭힌다. 죽은 자의 커다란 입속에서 나는 다시 한번 부레를 보았다. 부레는 사람과 동물, 산 자와 죽은 자를 차별하지 않았다. 모든 존재는 커다란 부레를 하나씩 품고 살아간다. 그건 죽음에 가까워졌을 때야 깨닫는 삶의 허망함이다. 건어물이 되어 타들어 가는 시체를 보고 있자니 죽어가던 붕어의 눈동자가 떠올랐다. 그 허망함은 내 속을 몇 날 며칠 괴롭게 했다. 언젠가 그처럼 바싹 타들어 가버릴 나의 마른 몸뚱이를 보았다. 죽음 앞에서 나는 아무것도 아니었다.

바라나시에 있던 열흘 동안 나는 매일 화장터로 나갔다. 낮에는 바싹 말라 누워있던 시체가 밤에는 가루가 되어 강에 던져졌다. 바라나시의 화장터는 인도인들에게 영적인 공간이자 슬픔의 장소였다. 하지만 며칠 전부터는 '홀리 축제'를 준비한다고 동네가 떠들썩했다. 화장터 주변도 마찬가지였다. 타오르는 시체 앞에서도 사람들은 마냥 축제를 즐겼다.

골목 구석구석에는 형형색색의 가루들이 흩날렸고, 아이들은 건물

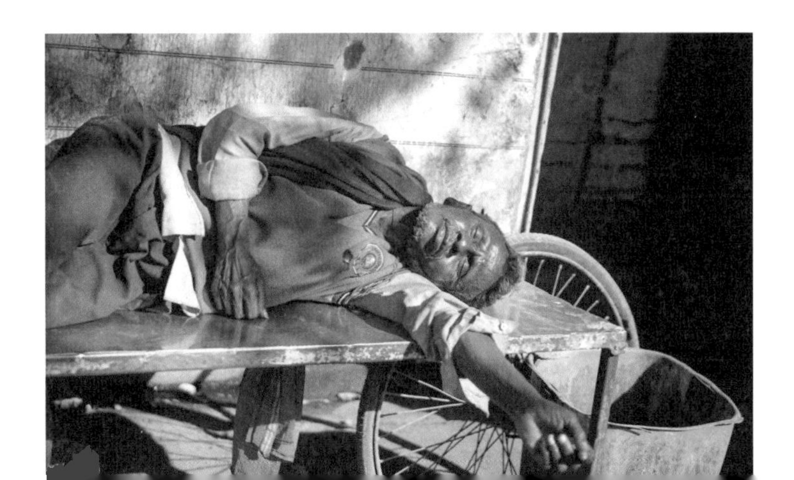

옥상에 숨어 커다란 물풍선을 던졌다. 그래서 길을 걷다 물벼락을 맞는 일이 비일비재했다. 갠지스강 앞에서는 사람들이 음악에 맞춰 춤을 췄다. 누군가는 거대한 기계로 형광색 가루들을 무자비하게 뿌려댔다. 덕분에 갠지스강 앞이 온통 알록달록한 색으로 가득 찼다. 그 주변으로는 약에 취해 바닥에서 잠을 자는 사람들도 있었고, 폐가 터질 정도로 함성을 내지르는 사람들도 있었다.

갠지스강 앞 화장터는 24시간 꺼지지 않고 타오른다. 강 위로는 가끔 수장된 시신들이 떠오른다. 하지만 사람들은 개의치 않고 축제를 만끽했다. 죽음의 강 앞에서 벌이는 홀리 축제라니. 기괴함이 온몸을 엄습했다.

나를 중심으로 삶과 죽음이 나뉘고 있었다. 오른쪽으로는 시체들이 타오르고 있었고, 왼쪽으로는 빨주노초의 가루를 뒤덮은 사람들

이 축제를 만끽하고 있었다. 하지만 나는 머지않아 알았다. 죽음과 삶은 언제나 그런 식으로 우리 곁에 있어 왔다는 사실을. 축제와 죽음이 공존하는 모순이야말로 우리들의 삶이었다.

우리는 매일 탄생과 죽음을 반복한다. 오늘을 살아야만 하는 이유를 찾지 못한 채 침대에서 일어난다. 아침으로는 맛있는 샐러드를 챙겨 먹는다. 음식을 입에 욱여넣으면서도 점심 메뉴를 고민한다. 주말을 기다리며 평일을 견뎌낸다. 저녁에는 약속을 잡는다. 집 앞에 새로 생긴 맛집 앞을 서성인다. 사랑하는 사람과 함께 영화를 본다. 밤에는 침대에 누워 하염없이 흘러가 버린 시간 속을 탐험한다. 좌절된 희망을 떠올리다가도 내일을 위해 눈을 감는다.

우리는 알고 있다. 해가 지면 밤이 찾아온다는 것을. 그럼에도 하루를 기어코 살아내는 우리는 언제나 '의미'를 찾아 삶 속을 기웃거린다. 산 자와 죽은 자의 차이는 이곳에 있다.

살아있는 이들은 죽어있는 오늘에 의미를 부여한다. 우리는 아무것도 아닌 날에 이유를 붙여 축제를 벌인다. '홀리'라는 핑계를 대며 물풍선을 만들어 사람들에게 던진다. 그날이 '홀리'라는 이유로 물을 맞은 사람들은 화를 내지 않는다. 대신에 만신창이가 된 채로 하염없이 웃는다. 사람이 죽으면 길가에 내다 버리지 않고 화장을 한다. 송장 가루를 갠지스강물에 흘려보낸다. 죽은 자에게는 그저 죽음뿐이라는 사실을 알면서도 그렇게 한다. 살아있는 이들은 남은 생을 마저 살아가야 하기 때문이다.

오늘을 살아가는 이유는 하루에 부여한 의미에 있다. 살아있는 자들은 밤이 오기 전에 의미를 찾고, 죽은 자는 죽음과 함께 의미를 잃는다. 죽어있는 것들을 살아가게 하는 것이야말로 의미였다. 한 공간에 존재하는 축제와 죽음은 지극히 인간적인 것이었다.

오늘을 살기 위해서는 맛있는 음식들이 필요하다. 계절을 나기 위해서는 어느 정도의 목표가 필요하다. 여행이 필요하고 사랑도 필요하다. 일 년을 보내기 위해서는 조금 더 커다란 의미가 필요하다. 그건 추상적인 꿈일 수도 있고 다른 무엇일 수도 있다. 그게 무엇이든 살아갈 이유가 되어준다면야 충분하다. 그 의미들이 텅 빈 채로 흘러가는 우리들의 인생을 살아있게 한다.

나는 여전히 꿈을 찾는다. 원대한 목표를 세우거나 위인이 되는 걸 말하는 게 아니다. 그저 스스로가 살아있음을 느낄 수 있는 일이면 된다. 부레가 나의 존재를 잠식시키지 않을 때까지, 삶의 의미를 찾아가는 일을 멈추지 않을 것이다.

03

여행은 마주할 미래를 직접 선택할 자유

빛이 적게만 새어 들어와 새벽처럼 축축한 낮이었다. 3층짜리 간이침대는 선로의 굴곡에 따라 덜커덕거리고 있었다. 맨 위층에 몸을 실은 나는 이 비좁은 공간에서 무려 열다섯 시간이나 꼼짝없이 누워 있어야 한다. 배낭을 베개 삼아 누워있었기에 기차가 덜컹거릴 때마다 이마가 천장에 콩콩 부딪혔다.

맞은편에는 나보다 덩치가 두 배는 커 보이는 아줌마가 누워있었다. 이마에 시뻘건 점을 찍고는 사리를 차려입은 여성이었다. 차림새와 덩치가 비좁은 기차에 어울리지 않아 불편해 보였다. 하지만 나는 이곳이 인도였음을 되새겨야만 했다. 좁은 틈 사이에서 고양이처럼 몸을 웅크린 그녀는 보란 듯이 팔을 척척 걷어 올렸다. 그리고 보자기에 싸 온 도시락을 우적우적 소리를 내며 집어먹었다. 진한 커리 향이 코끝을 마구 괴롭혔다. 콧구멍을 틀어막은 나는 잔뜩 인상을 썼

다. 하지만 나를 제외한 모두가 천하태평이었다. 바로 아래층에 누워 있던 민머리의 백인 남성은 코까지 골아대고 있었다.

기차에 오르기 전 한 여행자에게 영화를 선물 받았다. 영화를 굳이 선물이라고 표현하는 데에는 이유가 있다. 유심이 터지지 않는 기차 안에서 지루함을 달랠 방법은 없다. 비좁은 틈 사이에 껴서 무언가를 끄적일 수도 없으며, 책을 읽을 여유라고도 없다. 눈만 끔뻑끔뻑 뜬 채로 숨을 쉬는 게 전부다.

가만히 누워 천장만 바라보며 열다섯 시간을 보내는 것은 고역이다. 그래도 영화를 보면 세 시간 정도의 지루함은 덜어낼 수 있었다. 봤던 장면을 여러 번 돌려 본다면 다섯 시간이 훌쩍 지나기도 했다. 휴대폰 갤러리에 저장해둔 영화야말로 기차에서의 심심한 시간을 덜어내기에 제격이었다.

「Everything everywhere all at once」는 '다중우주'를 소재로 삼은 영화였다. 영화의 설정은 이러했다. 하나의 순간에는 무한한 선택의 가짓수가 있다. 여행을 예로 들어보자. 방콕 공항에 있던 난 다양한 선택의 가지 수 앞에 서 있었다. 예정된 대로 인도로 향할 수도 있었고, 지연된 비행기에 화가 나서 티켓을 찢어버릴 수도 있었다. 혹은 잠을 자다가 비행기를 놓쳐버릴 수도 있었다. 아니면 심경의 변화가 와서 인도가 아니라 인천으로 곧장 날아가 버릴 수도 있었다. 하지만 나는 굳이 인도로 향하는 선택을 했다.

무언가를 선택할 때마다 우주는 무한개로 갈라진다. 비행기에 오른 나는 승무원에게 화이트와인을 부탁했다. 그리고 플라스틱 컵에 담긴 와인을 벌컥벌컥 들이킨 채로 잠들었다. 하지만 내게는 다른 선택지도 있었다. 혹여나 레드와인을 마셨더라면, 실수로 옆자리 남성에게 그것을 쏟아버렸을 수도 있었다. 화가 난 옆자리 남성은 나에게 세탁비를 요구했을 수도 있다. 시작부터 찜찜한 인도 여행은 나에게 전혀 다른 첫인상으로 남게 됐을지도 모르는 일이다.

내가 A를 선택했을 때의 세상, B를 선택했을 때의 세상, C를 선택했을 때의 세상이 우주에 모두 존재한다. 나는 그 무한한 선택지 중에 굳이 B를 골라잡는 선택을 한 것이다. 그 갈라진 가지들은 멀리 뻗어가서 새로운 우주를 형성한다. 어떤 우주에는 여행을 하다 기획사 대표를 만나 연예인이 된 내가 있다. 또 어떤 우주에는 여행 중에 사기를 당해서 빈털터리가 된 내가 있다.

나는 꿉꿉한 3층 침대에 누워 천장을 바라보았다. 그리고 그곳에 무한하게 뻗어있는 가지들을 그렸다. 마치 시냅스 같아 보였다. 그 복잡하게 생긴 가지들을 바라보며, 또 다른 우주에 있는 나를 상상했다.

여행을 선택하지 않았더라면 나는 어떤 삶을 살고 있었을까. 화학 시험에서 백지를 내는 대신 에이 플러스(A+)를 받았을 나를 상상해 본다. 그렇다면 학사모를 쓴 친구들의 사진 속에 나도 서 있었을 것이다. 가운데에 서서 꽃다발을 한 아름 안고는 뿌듯한 표정을 지었겠지. 하지만 그곳에 있는 나는 외국인과 대화하는 것을 여전히 어려워할 것이다. 인도를 여행하는 사람들을 보며 겁도 없다며 나무랐을지도 모른다. 여전히 세계 일주를 돈 많은 사람이나 부리는 사치 정도로 생각했을 것이다.

그때 별안간 백지 시험지를 내고, 이스탄불로 향하는 비행기에 올랐던 것은 커다란 선택의 전환이었다. 떡볶이를 먹어야 했던 선택지가 케밥으로 변했고, 내 방 침대에 누워야 했던 선택지는 튀르키예 전역의 도미토리로 바뀌었다. 나는 그때 가지 하나가 아니라, 무수한 가지를 넘어온 것이다. 마치 다른 우주의 나로 이동해 온 것만 같다.

여행을 할 때면 작은 선택에도 우주가 무한개로 갈라지는 경험을 한다. 어느 비행기에 오를지에 따라 도착하는 국가가 달라진다. 어떤 숙소에 머물지에 따라 그날 함께 저녁을 먹을 사람들이 달라진다. 또 기차가 지연되는 시간에 따라서, 역에서 마주할 릭샤 기사들의 얼굴이 달라진다. 그것도 무한 가지의 수로 말이다. 내가 당장 마음을 바

23

꿔 이름 모를 역에 홀라당 내려버린다면 어떤 일이 일어날까. 그 시점을 계기로 또 얼마나 다양한 선택의 가짓수가 생겨날까.

내일 당장 누구를 만날지, 어떤 사건을 겪을지 그 모든 게 이토록 작은 발걸음에 달려있다.

나는 비좁은 간이침대에 누워 순간적으로 커다란 해방감을 느꼈다. 시냅스처럼 조밀하게 그려진 천장 위의 우주가 보였다. 이 수많은 우주 속에서 내가 서 있는 세계는 어디일까. 나는 이토록 다양한 가지들 속에서 현재를 골라잡는 선택을 했다.

맨손으로 카레를 꺼내먹던 아줌마가 보였다. 여전히 크게 코를 골아대는 백인 남성도 보였다. 게다가 키가 작고 꼬질꼬질한 나까지. 정말 이상한 조합이었다. 축축한 기차의 공기가 생생하게 느껴지고 있었다. 이 모든 것이 나의 선택이 가져온 결과들이었다.

배낭을 메고 세상 밖으로 나오기를 선택하면, 상상조차 하지 못할 일들이 펼쳐진다. 마주할 미래를 직접 선택하고 책임질 수 있다는 건 근사한 일이다. 내가 생각하는 최대의 자유란 바로 이런 것이다.

04
샨티 샨티

태어나 처음으로 누군가에게 비밀을 말했다. 열 살 남짓할 무렵이었다. 친구들에게는 출생의 비밀이라며 기껏 뜸을 들였지만, 사실 별거 아닌 이야기였다. 내가 뱃속에 있을 무렵, 우리 엄마는 꽤 고생을 했었다. 엑스레이에 찍힌 내 한쪽 다리가 반대쪽에 비해 짧았던 것이다. 그날부로 집안이 발칵 뒤집어졌다. 엄마는 코바늘보다 굵은 주사로 양수를 뽑아내며 하늘에 기도했다고 한다. 제발 정상적인 아이가 태어나게 해달라고. 나는 기대만큼 '정상적인' 아이는 아니었지만, 아무튼 다리 두 짝을 멀쩡하게 달고 태어났다.

나름 감동적인 이야기라 생각했던 나는 눈시울을 붉혔다. 그리고 친구들을 차례로 바라보며 눈망울을 아른거렸다. 하지만 아이들 사이에는 순간적인 정적이 흘렀다. 그리고 한 남자아이가 이렇게 말했다.

"에… 그러면 너는 장애인이었던 거야?"

'장애인'이라는 단어에 아이들이 '헉'하고는 숨을 들이마셨다.

그날 이후로 내 별명은 절뚝이가 되었다. 멀쩡히 붙어있는 두 다리를 보고도 아이들은 나를 절뚝이라며 손가락질했다.

인간의 뇌는 타인의 약점을 쉽게 용납하지 않는다. 촘촘한 먹이사슬 속에서 진화한 사회 구조는 티끌만 한 결점도 약점으로 만든다. 경쟁을 목적으로 한 사람들은 자신을 숨기는 데에 급급하다. 그들은 특이하거나 모난 점을 숨기고 평범해지기를 바란다. 하지만 스스로는 잘 알고 있다. 각자에게는 남들과 다른 부분이 조금씩 있다는 사실을. 그것은 감히 숨겨질 수 없으며, 감추려고 할수록 본인을 고통스럽게 만든다는 것을.

하지만 여행은 개인의 그런 엇나간 부분을 둥그렇게 감싸준다. 원래 속했던 사회에서는 받아들여지지 않았던 결점이, 어느 나라에서는 평범한 것이 되기도 한다. 각자에게 어울리는 나라가 저마다 다른 이유도 여기에 있다.

학교를 떠나온 이후 나는 줄곧 '속도'에 대해 걱정해 왔다. 내 삶이 뒤처졌다는 생각이 들 때마다 이제라도 학교로 돌아가야 하는 건 아닌지 고민했다. 하지만 인도에서 나의 조급함은 점차 잦아들었다. 언제나 느긋한 인도인들에게 나의 속력은 평균적인 것이었다. 그 태평한 사람들 사이에서 나는 가끔 답답함마저 느꼈다. 기차 시간에 늦을까 발을 동동 구를 때도 릭샤 기사는 나에게 이렇게 말했다.

"샨티, 샨티! 어차피 기차는 너보다 더 늦을 거야."

한국에서는 '빨리빨리'지만 인도에서는 '샨티샨티'이다. '샨티'의 본질적인 의미는 '평화'이지만, 인도 사람들은 '샨티'를 '천천히'라는 의미로 사용한다. 그들은 툭하면 이 이상한 단어로 조급한 사람 마음에 불을 지폈다. 하지만 기차역에 도착할 때마다 그 초조했던 마음은 금세 좌절되었다. 나는 연착되는 기차를 두어 시간 정도 기다리다가는 이내 지쳐버렸나. 그럴 때마다 고개를 돌리면 이미 돗자리를 깔고 바닥에서 잠을 청하는 사람들이 여럿이었다. 그제야 릭샤 기사가 처절하게 외쳤던 '샨티'가 떠올라 허탈하게 웃고는 했다.

조드푸르에 왔다. 이곳은 건물 외벽이 모두 파란색으로 칠해진 작은 마을이다. 이 비좁은 마을에도 한식당이 하나 있었다. 게다가 그

집 주인장의 '닭볶음탕'은 땀을 뻘뻘 흘릴 정도로 개운하다. 무려 만 원짜리 닭볶음탕을 시킨 이유는 오늘이 나의 생일이기 때문이다. 게다가 여행을 시작하고 맞는 두 번째 생일. 나는 오늘부로 만 스물셋이 되었다.

다진 마늘이 듬뿍 들어간 걸쭉한 소스를 마구 퍼먹었다. 그리고 인도 여행에서 빠질 수 없는 맥주 '킹피셔'를 꿀떡꿀떡 들이켰다. 허겁지겁 배를 채우는 나에게 식당 주인은 또 같은 말을 했다. "샨티!" 하지만 여행 중 만나는 달가운 고추장 맛에 서두르지 않을 한국인이 어디 있겠는가. 나는 그의 말을 들은 체도 하지 않고는 걸쭉한 국물을 들이켰다. 그리고 그에게 엄지손가락을 치켜들었다.

"아저씨, 맛있는 거 앞에서는 샨티 같은 거 못 해요!"

그런데 그때, 수염이 덥수룩한 누군가 나에게 말을 걸었다.

"한국 사람이세요?"

아주 반가운 질문이었다. 닭볶음탕과 시원한 맥주에 한국 사람이라니. 이 이상의 생일 선물이 따로 있을까. 신이 난 나는 그에게 대답했다.

"같이 드실래요? 여기 닭볶음탕 끝내줘요. 그리고 저 오늘 생일이거든요."

그렇게 소소한 생일잔치가 시작되었다.

촛불은 없었지만, 촛불 개수만큼의 맥주가 있었다. 우리는 시원한 맥주로 몇 번 정도 건배를 하고 나서야 서로에 대해 질문하기 시작했다. 내가 그에게 먼저 물었다.

"직장인이시죠? 그리고 잠깐 휴가 나온 거고요."

그가 조막만 한 눈을 곰처럼 크게 떠 보였다. 게다가 수염에 파묻혀 있던 자그만 입까지 쩍 벌렸다.

"어떻게 알았어요?"

어떻게 알았냐니, 나는 웃음을 크게 터뜨렸다. 피곤함에 찌든 얼굴, 그리고 알 수 없는 초연한 바이브. 한국 직장인들에게서 느껴지는 특유의 분위기가 있다고 그에게 말했다. 그는 짬을 내어 인도로 여행을 왔는데, 피곤한 나머지 며칠 동안 숙소에서 잠만 잤다고 대답했다. 그건 굳이 설명하지 않아도 그의 수염이 말해주고 있었다.

"그럼 오늘부로 몇 살이 된 거죠?"

이번에는 그가 나에게 물었다.

"이제 만으로 스물셋이네요."

"부럽네요. 삶을 충분히 즐길 수 있는 시기에 서 있잖아요."

나는 애늙은이라도 된 것처럼 냉소적인 표정을 지었다. 여행하다 만난 사람에게 나이를 말하면 대부분 나를 부러워했다. 하지만 그렇게 말하는 본인들도 충분히 알 것이다. 그 빛나는 시기에는 언제나 방황이 섞여 있다는 것을. 나는 오히려 자신의 길을 번듯하게 찾아낸 그들을 부러워하곤 했다. 돌아갈 직장이 있는 사람들, 여행하며 일을 하는 사람들, 전문적인 이야기를 할 때면 눈에 불을 켜는 사람들이 멋있어 보였다. 잠깐의 침묵 속에서 내가 입을 열었다.

"요즘에는 조금 두려워요. 삶이 뒤처진다는 생각에요. 물론 제가 저지른 선택에 대한 책임이겠죠."

나의 말을 듣던 그의 얼굴에 순간적으로 표정이 가득 찼다. 그는 살짝 격양된 말투로 나에게 물었다.

"한국에 돌아가서 바쁘게 졸업하면 무얼 하려고요?"

"그야 졸업을 하면 취업을 하거나 사업을 하겠죠."

"취업을 하면 뭘 하게요?"

"그러면… 돈을 모으겠죠."

"맞아요. 빨리 돌아가면 결국 돈을 조금 더 빨리 모으게 될 뿐이죠. 여행을 한다고 달라지는 건 돈을 버는 시기일 뿐이에요. 서두를 필요가 전혀 없죠."

그는 나에게 서두르지 말 것을 강조했다. 그리고 '자유'라는 단어를 반복했다. 나에게는 아직 책임져야 할 가정도 없으니 돈을 모아야 할 압박감이 없을 거라고 말했다. 그리고 직장을 다니지도 않으니 시간을 자유롭게 쓸 수 있는 시기라고 설명했다. 하지만 여전히 걱정스러운 표정을 지우지 못하던 나에게 그가 물었다.

"일찍 부자가 되면 무얼 하고 싶은데요?"

나는 가끔 침대에 누워 로또에 당첨되는 상상을 하곤 했었다. 당장 일확천금을 손에 넣는다면 무엇부터 할까? 저렴한 국가를 맴도는 대신 큰맘 먹고 라스베가스로 떠나버릴까. 룰렛을 돌리면서 한껏 탕진을 해보는 것도 재밌을 것 같다. 남아메리카 대륙을 삼 년 동안 일주하는 것도 괜찮겠다. 라마도 보고 판초도 입어보면서 삶을 만끽해야지. 비싼 호텔에서 와인을 마셔야지. 장을 보는 대신 밥을 사 먹으면서 여행을 해야지. 잠시만, 근데 이게 전부인가?

늦은 밤 이층 침대에 누워 상상의 나래를 펼치던 나는 두 눈을 번쩍 떴다. 망상의 종착지는 언제나 지금 이곳이었다. 수차례 상상 속에서 떠나기를 반복해도 나는 결국, 여기로 돌아왔다. 삐거덕거리는 이층 침대 도미토리로. 각국의 여행자들이 모이는 바로 이곳으로 말이다. 얼마만큼의 돈이 내 손에 쥐어지든 나는 현재와 같은 선택을 했을 것이다.

나는 지금의 여정을 사랑하고 있다. 매일 아침 바뀌는 룸메이트의 얼굴은 언제나 반갑다. 스페인어를 사용하는 백발 남성과의 대화는 짜릿하다. 인도의 싸구려 보드카가 마음에 들고, 시도 때도 없이 울려대는 클랙슨 소리에는 아직도 환장한다.

'그래, 일확천금을 손에 넣은 나는 여전하겠지. 새로운 사람을 만나는 것을 여전히 좋아하겠지. 그날 만난 여행자가 얼마나 무시무시한 곳을 다녀왔는지 궁금해하겠지. 그 여정을 새겨들으며 나는 또 두 눈을 반짝거릴 테고. 버스를 기다리다가는 바닥에서 도시락을 까먹을 테야. 그러면서도 새삼 행복을 느끼겠지. 이거야말로 청춘 아니냐

면서 혼자 중얼거리다가는 잠들 거야.'

시금 나에세는 서두를 이유가 단 하나도 없었다. 이제야 나의 걱정에는 실체가 없었음을 알았다. 내가 걱정하던 것은 돈도 사회적인 속도도 아니었다. 나를 절뚝이라고 놀리던 친구들이 떠올랐다. 나는 평균에 미치지 못하는 속도를 제멋대로 판단할 누군가의 시선을 의식했던 것이었다. 그들처럼 나의 결점을 꼬투리 잡거나 조롱할 사람들이 두려웠다. 아닌 척해도 무의식적으로는 타인의 시선을 염려해 왔던 것이었다.

하지만 나는 더 이상 열 살 남짓의 소녀가 아니다. 남들의 시선 정도는 거뜬히 이겨낼 수 있는 어엿한 스물셋이다. 내 방식대로 살아가겠다는데, 그 누가 무슨 권리로 핀잔을 줄 수 있겠는가. 실체가 없는 타인의 시선 속에서 더 이상 허우적거릴 이유가 없었다.

"샨티 하라고요, 샨티."

그가 이어서 말했다.

양념까지 싹싹 긁어먹은 닭볶음탕, 그리고 맥주들이 테이블 위에 놓여있었다. 그는 먼저 일어나 계산대로 향했다. 생일 선물이라며 오늘 식사를 본인이 대접하겠다고 했다. 나중에 돈을 번다면, 그때 나보다 어린 여행자들에게 밥 한 끼를 사주는 것으로 보답하라고 그가 말했다.

그래, 일찍 돈을 벌고 싶겠다면, 그건 나처럼 어린 여행자들에게 베풀고 싶은 마음뿐이겠다. 서두르지 않아도 나는 언젠가 어엿한 어른이 되어 있을 것이다. 그러니 샨티하게 살자. 샨티.

05
무언가를 사랑한다는 것은

작곡가의 여행은 악보 위의 음표가 된다. 작가의 여행은 새하얀 종이 위의 글자가 된다. 사진가의 여행은 새로운 색감을 입은 사진이 된다. 그리고 그의 여행은 언제나 영화가 되었다. 한국으로 떠났던 그가 머지않아 영상 하나를 보내왔다. 우리의 여행이 담긴 짧은 영화 한 편이었다.

누군가의 창작물을 사랑하는 일은 즐섭다. 한 사람의 고유한 시선을 작품을 통해 엿볼 수 있기 때문이다. 그의 영상에 녹아있던 시간 동안 나는 마치 새로운 곳을 여행하는 기분이었다. 영상의 배경음악으로는 신나는 팝송이 흘러나왔다. 그리고 화면 속 그곳은 나의 기억보다 조금 더 화사한 색감이었다. 여행지의 풍경이 그의 작품을 통해 새롭게 해석되고 있었다.

공간은 모두에게나 공평하게 존재한다고 생각했었다. 하지만 '작품'이라는 매체는 객관적으로 보이는 것에 주관성을 부여했다. 사람과 매체에 따라 새롭게 해석되는 세상이 매력적으로 다가왔다.

그가 만들어 놓은 세상에 온전히 빠져들었던 시기에, 나도 카메라에 관심을 가졌다. 작은 렌즈 속으로 고유한 시선을 표현해내는 것에 매력을 느꼈다. 그래서 인도에 가기 전 중고 카메라 하나를 장만했다. 사실 중고라고 말하기에는 참 고물 같은 카메라였다. 하지만 카메라에 메모리카드가 필요하다는 사실조차 몰랐던 나에게는 그것으로도 충분한 장비였다. 나는 그때부터 낡은 카메라 위에 나만의 세상을 표현해갔다. 그건 누군가의 창작물을 사랑하는 것보다 황홀한 일이었다.

나의 여행에도 새삼 루틴이라는 것이 생겼다. 우선 부지런한 아침형 인간들이 자리를 뜬 오전 열 한시에 눈을 뜬다. 텅 빈 8인실 도미토리에 마련된 작은 침대에서 뒹굴며 한동안 정신을 차린다. 해진 수건을 한 장 들고 샤워실로 들어가 바가지에 물을 담는다. 차가운 물을 머리에 한 바가지씩 쏟아부으며 이곳이 인도였음을 상기한다. 물이 뚝뚝 떨어지는 머리를 하고는 느릿느릿 가방을 싼다. 일기장과 볼펜을 빠짐없이 챙긴다. 그리고 목에 그 고물 같은 카메라를 메면 준비 끝이다.

하루 일과는 이렇다. 아침부터 거리를 활보하며 사람들의 얼굴을 사진으로 기록한다. 인도 사람들은 대부분 카메라에 찍히는 것을 좋아하기에 무리가 없다. 어린아이들은 사진을 찍어달라며 내 뒤를 졸졸 쫓아온다. 그리고 어른들도 가끔 수줍은 미소를 하고 카메라 앞에 서서 이렇게 말한다.

"플리즈, 포토. 포토."

쉴새 없이 카메라를 잡아당기는 사람들의 얼굴을 하나하나 렌즈 속에 담는다. 그러다 보니 알게 된 취향이 있다면, 나는 풍경보다는 사람들을 사진에 담는 걸 좋아한다는 것이었다. 커다란 화각에 가득 찬 표정과 주름살을 보고 있자면 개인의 인생을 엿보고 있는 듯한 기분이 들었다.

걷다 보면 전망이 좋은 카페 하나쯤은 마주친다. 그러면 나는 주저하지 않고 카페에 들어선다. 가장 좋은 자리를 선점하고는 커피 한 잔을 시킨다. 그리고 해가 질 때까지 그곳에 앉아 책을 읽고 사진을 정리한다. 가끔은 일기도 쓴다.

그날 발견한 카페의 전망은 평생 가본 곳 중 두 번째로 아름다웠다. 첫 번째는 피라미드 앞에 마련된 루프탑이었고, 두 번째가 바로 이곳이다. '핑크시티'라고 불리는 자이푸르의 랜드마크가 바로 하와마할이다. 하와마할은 '성'이라고 부르기에는 연극 무대의 가벽처럼 얇고 위태롭게 서 있다. 분홍색 가벽은 노르스름한 오후의 태양을 환하게 받아내고 있었다. 그 앞에 앉아 있자니, 거대한 무대 위의 주인

공이 된 기분이었다.

나는 가방에서 두툼한 일기장을 꺼냈다. 긴 여행 동안 나의 사념과 푸념을 온몸으로 받아내 준 공책은 이미 터질 정도로 빵빵했다. 게다가 공책 뒤편에는 엽서들도 꽂혀있었다. 세계 각국에서 모아온 사진 엽서들이었다. 나는 여러 나라의 엽서를 뒤적거리다가 갑자기 떠오른 누군가에게 편지를 썼다. 그 조그만 엽서 안에 나의 여정을 표현하다 보면, 문득 그의 얼굴이 떠올랐다. 그는 어떤 생각을 하며 그 영상을 만들었을까? 지금 이 편지를 써 내려가는 나와 같은 표정을 지었을 거라는 생각을 했다. 본인의 세상을 쪼개어 사랑하는 이에게 나누어주는 기쁨을 이제야 느껴본다.

석양이 물들어가자 하와마할에는 작은 조명이 켜졌다. 층마다 설치된 주황색 조명들이 하와마할을 비현실적으로 보이게 했다. 그때 휴대폰이 울렸다. 뜬금없는 저녁 식사 초대였다. 인도인 친구인 셰인은 평소 본인이 만드는 음식에 대해 자랑하고는 했었다. 그는 자신이 만드는 카레가 지구에서 가장 맛있다며 자주 너스레를 떨었다. 그리고 언젠가 자신의 카레를 대접하겠다고 했는데, 그날이 바로 오늘이었다. 무언가를 좋아하는 이들의 표현은 참 한결같다. 그게 무엇이든 남에게 나누어 주고 싶어 한다는 것이다.

그의 궁전 같은 집에 카레 냄새가 흘러넘쳤다. 부엌으로 다가갈수록 고소한 난의 향기가 어우러졌다. 셰인과 그의 어머니가 보였다. 셰인은 대야만큼 커다란 냄비에 카레를 끓이고 있었다. 그는 땀을 뻘뻘 흘리면서 길쭉한 국자에 무게를 실어 카레를 이리저리 휘저었다.

옆에서 오이를 썰고 있던 그의 어머니가 나를 보자마자 안절부절못했다. 무어라 이야기하며 손사래를 치는 것이, 도와주지 않아도 괜찮다는 의미 같았다.

나는 거실로 돌아와 곱게 깔린 인도식 문양의 보자기 위에 앉았다. 내 앞에 앉아 있던 그의 아버지는 따뜻한 미소를 짓고 있었다. 하지만 언어가 통하지 않았던 터라 눈으로 나누는 인사가 소통의 전부였다. 그 어색한 기류 사이로 카레가 등장했다. 꽃무늬 접시에 퍼담은 샛노란 카레와 난, 오이가 나왔다. 그리고 염소가 들어간 빨간 음식도 보였다. 셰인은 외국인인 우리를 배려해 숟가락까지 손에 쥐여주었다.

그 카레는 여태껏 먹어본 인도 음식 중 가장 맛있었다. 나는 인도를 여행하며 카레를 즐겨 먹지 않았다. 희멀건 국같이 생긴 카레에 난을 찍어 먹을 때면 괜히 한국의 '3분 카레'가 그리웠다. 하지만 셰인의 카레는 달랐다. 적당히 묽은 재질에 간이 적절했고, 무엇보다 향신료 냄새가 적게 났다. 눈이 휘둥그레진 우리를 향해 그가 말했다.

"그 봐, 내 카레가 세상에서 가장 맛있다고 했지?"

카레를 허겁지겁 해치우고 나니 문득 빈손이 부끄러웠다. 갑작스러운 초대였기도 하지만, 이렇게나 대단한 음식을 맛보고 보답을 하지 않을 수가 없었다. 그때 가방에 들어있던 카메라가 생각났다. 사진을 찍기 시작한 뒤로 줄곧 누군가에게 사진을 선물해보고 싶다는 생각을 해왔다. 오래전 그에게 영상을 선물 받았던 기억이 컸다. 내 모습이 담긴 사진이나 영상을 누군가 정성스레 편집해 보내준다는

것이 얼마나 기쁜 일인지 알고 있었다. 오늘이야말로 사진을 선물할 수 있는 첫 번째 기회가 될 것 같았다.

"셰인, 너에게 줄 선물이 있어. 카메라를 산 뒤로 줄곧 누군가에게 사진을 선물해보고 싶었거든."

셰인과 그의 가족들은 나의 제안을 기쁘게 받아들였다. 넓은 거실에 그의 가족들이 모였다. 나는 그 가운데서 카메라에 배터리를 끼고 렌즈를 조립했다. 그들은 나를 사뭇 전문가 보듯이 지켜봤다. 그래서 나는 배터리를 끼우는 내내 방금 뱉은 말을 조금 후회했다. 본격적으로 누군가를 위해 사진을 찍어보는 일은 처음이었다. 굳이 '선물'이라고 표현하기에 나의 사진 실력은 초라했다. 하지만 셰인의 가족들은 길에서 만나는 인도인들과 다를 것 없이 행동했다. 아무렴 지구에 존재하는 모든 인도인은 사진에 찍히는 것을 좋아할 것이다. 그들은 그저 카메라 앞에 서 있다는 사실만으로도 기뻐했다.

카메라 렌즈 속에 담긴 셰인의 가족들은 모두 수줍게 웃고 있었다. 특히 그의 부모님은 쭈뼛대면서 어색한 미소를 지었다. 나는 그들을 한데 모아 앉혔고 포옹을 할 것을 권했다. 얼떨결에 그의 어머니와 아버지가 어색한 포옹을 나눴다. 게다가 그의 동생은 소파 위에 앉더니 거만해 보이는 자세를 취하고는 사진을 찍어달라고 했다. 마치 모델처럼 말이다. 셰인은 부끄러워하면서도 즐거워하는 가족들을 보며 흐뭇해했다. 마지막으로는 다 함께 사진을 찍었는데, 모두가 한결 카메라에 익숙해진 표정을 지었다. 사진을 찍을수록 경직되었던 분위기가 조금씩 따뜻해졌다.

숙소에 돌아와 대문을 열기 전부터 그에게 연락이 왔다. 가족들 모두가 내 사진을 기다리고 있다는 것이었다. 그는 한껏 부푼 말투로 말했다. 자신들의 모습이 어떻게 카메라에 담겼을지 궁금해서 참을 수가 없다고 말이다. 나는 씻을 겨를도 없이 호스텔 바닥에 앉았다.

하루 종일 등에 지고 다니던 배낭에서 카메라와 아이패드를 꺼냈다. 그리고 설레는 마음으로 사진들을 다운했다. 그런데 완벽한 사진이라고는 찾아볼 수도 없었다. 몇 장은 초점이 나가 있었다. 빛도 영 엉터리였다. 낡은 카메라 탓을 좀 하자면, 사진의 군데군데가 뿌예 보였다. 누가 보아도 아마추어적인 실력이었다. 하지만 사진을 정리하는 나는 좀처럼 흥분되는 마음을 가라앉히기 어려웠다.

사진 속에 담긴 셰인의 가족들을 바라보았다. 초록색 히잡을 쓴 그의 어머니, 그녀의 이마에 새겨진 잔주름, 그리고 눈동자의 색깔과 손끝에 물들인 헤나가 보였다. 짙은 콧수염을 가진 셰인의 아버지, 턱수염을 자랑하는 그의 동생. 대화하는 와중에는 미처 발견하지 못했던 셰인의 셔츠 모양까지 모두 섬세하게 보였다.

나는 낡은 카메라가 가지는 특유의 거무튀튀한 색감을 사진에서 제거했다. 그리고 그곳에 나의 기억을 입혔다. 어색함 가운데서도 묘하게 따뜻했던 그 기분, 오랫동안 잊어버렸던 가족에게로 돌아가는 느낌을 표현하고 싶었다.

나는 떨리는 마음으로 셰인에게 사진을 보냈다. 그 순간, 주체할 수 없는 기쁨을 느꼈다. 같은 공간을 새롭게 표현한 나의 사진들을 그 가족들은 어떻게 바라볼까. 혹여나 이 사진이 그들의 추억 한구석에 자리할 수 있지 않을까. 그들이 먼 훗날 오늘을 돌아볼 때, 그 자리에 내 사진이 서 있지 않을까.

이제 조금은 알 것 같다. 무언가를 좋아한다는 건 이런 거구나.

누군가에게 한없이 나누어주고 싶은 마음. 대가를 바라지 않으면서도 베풀고 싶은 그런 마음. 그거야말로 순수한 기쁨이자 대상에 대한 사랑이었다.

06

영혼에는 각자의 모양이 있다

사막 마을에 비가 추적추적 내렸다. 모래색을 입은 건물의 외벽들이 빗물을 머금어 똥색이 되었다. 축축한 거리 위에는 게으름뱅이처럼 하품이나 해대는 소들이 있었다. 거리의 더러운 색깔들이 온통 그들이 뿌려놓은 오물 같아 보였다. 기분이 썩 좋지 않았다. 비가 내리는 사막 마을은 정말이지 최악이었다.

내가 머물던 방에는 창문이 하나도 없었다. 어둠 속에서 습기를 잔뜩 머금은 퀸사이즈 이불이 나를 집어삼키고 있었다. 이 무거운 이불에서도 똥내가 나는 것만 같았다. 그때 복도에서 누군가의 목소리가 울려 퍼졌다. 나는 얼굴을 침대에 파묻은 채로 귀를 쫑긋 세웠다. 듣고 있자니 반가운 한국어였다. 원래의 나였더라면 당장 뛰쳐나가 그들에게 인사를 건넸을 법했다. 하지만 축축한 날씨 때문인지 힘이

나지 않았다. 정확히 말하자면 요 며칠 동안은 그 누구의 목소리도 듣고 싶지 않았다.

그래, 치졸하게 날씨를 탓하지는 말자. 솔직히 털어놓자면 나는 친구의 성공을 질투하고 있었다. 같은 시작점에 서 있던 친구는 어느새 어엿한 가게의 사장이 되었다. 요즘에는 그 가게가 참 잘나간다는 소식을 들었다. 나는 머릿속으로 가게 앞에 놓인 커다란 화환을 상상했다. 깔끔한 식당, 열심히 일하는 직원들, 손님들에게 상냥하게 대하는 멋들어지는 내 친구의 모습…. 언제부턴가 똥꾸녕을 내밀기 시작한 통장 잔고가 불쑥 떠올랐다. 현실을 직시한 나의 신세는 통장에 찍힌 숫자만큼 초라했다. 나는 여행에게 모든 것을 주었는데, 여행은 나에게 아무것도 돌려주지 않은 것만 같았다.

나는 여느 때처럼 일기장을 들고 옥상으로 올라갔다. 나처럼 불쌍한 천막 하나가 간신히 비를 가려내고 있었다. 그 아래 앉은 나는 축축한 한숨을 내쉬었다. 잠시 멍을 때리던 나는 펜을 들었다. 그런데 습기를 머금은 공책 종이가 하염없이 울어 나고 있었다. 나는 펜을 내려놓고는 공책을 손바닥으로 열심히 펴냈다. 그러다 결국, 빼곡한 종이 한 바닥을 찢어버리고 말았다. 동시에 꾸역꾸역 삼켜왔던 마음들이 터져 나왔다. 홧김에 그다음 장도, 또 다음 장도 몽땅 다 찢어버리고 싶었다.

'여행을 시작한 것을 후회하고 있구나.'

치졸하기도 하지. 고작 누군가의 성공 때문에 나의 여정을 후회했다.

이럴 때면 우연보다는 운명을 믿는 편이다. 건너편 테이블에 익숙한 누군가의 실루엣이 보였다. 금발 머리를 양쪽으로 땋은 그녀는 내가 오래전부터 알던 사람이었다. 그녀는 유명한 여행 인플루언서이자 여행작가였다. 한국에서 서점을 드나들 때마다 항상 그녀의 이름을 마주쳤었다. 여행 코너에 서성이며 그녀의 책을 만지작거릴 때면, 나도 언젠가 제대로 된 글을 써보고 싶다는 생각을 했다. 하지만 말 그대로 '언젠가'였다. 누구나 쉽게 내뱉는 작은 바람일 뿐이었다. 아직 나에게는 막연한 생각과 울어 난 일기장이 전부였다.

나는 그녀에게 용기를 내어 말을 걸었다. 여행작가가 아니냐는 말에 그녀는 가볍게 눈인사를 했다. 그리고는 머리를 다시 고쳐서 땋기 시작했다. 나는 순간 공책을 휙 덮어버리고 말았다. 작가 앞에서 글을 쓰고 있다는 사실이 문득 부끄러웠다. 하지만 그녀와의 만남 덕분에 내 일기장은 당장에 찢겨버릴 운명을 피해갈 수 있었다. 그날부터 찢겨나간 공책 뒷장에는 새로운 꿈들이 피어나기 시작했다.

그녀는 이 사막 마을에서 벌써 한 달을 넘게 머물렀다고 했다. 그리고 낙타를 타고 한참을 가야 나오는 모래사막에는 열 번이나 다녀왔다고 말했다. 대부분 한 번 정도로 끝내는 사막 투어를 열 번이나 다녀왔다니, 이유를 물으니 '가족' 때문이라고 했다. 그녀는 사막에 사는 현지인들을 자신의 가족처럼 생각했다. 나도 그녀를 따라 사막의 '가족'을 만나러 간 적이 있었다. 지프차를 타고 한 시간을 달리고, 낙타를 타고 사막을 가로지르니 작은 마을이 하나 나왔다. 물도 전기도 없는 그곳에 덜렁 집 한 채를 짓고 살아가는 사람들이 있었다. 모

래사막 한가운데서 사람들이 살아간다는 사실도 놀라웠지만, 그곳에는 아이들이 정말 많았다. 키가 내 무릎만 해보이던 아이들은 우리가 탄 낙타가 코딱지만 하게 보일 때부터 멀리서 방방 뛰어댔다. 모두 온몸을 다해 그녀를 환영하고 있었다. 그들은 우리가 낙타에서 내리자마자 달려와 그녀의 품에 폭 안겼다.

그녀는 매번 커다란 과자 꾸러미를 챙겨 사막의 아이들을 찾았다. 물과 전기도 없는 그곳에서 과자는 귀한 선물이었다. 게다가 그녀가 싸 온 보따리 속에는 볼펜 꾸러미와 공책까지 들어있었다. 모두 아이들이 열심히 공부하길 바라던 그녀의 마음이었다. 사막에서 학교까지 가는 거리는 꽤 멀었다. 그래서 아이들은 툭하면 수업을 빼먹고 집에서 뒹굴기만 했다. 그녀는 아이들이 학교에 잘 다녀왔는지를 확인했고, 게으름을 부리는 아이의 엉덩이를 콩콩 때리기까지 했다.

그런 그녀를 볼 때면 '작가'라는 직업의 무게가 느껴졌다. 책이라는 것은 아무나 쓸 수 있는 게 아니라 생각했다. 모래사막에 열 번이나 찾아가고, 아이들에게 매번 선물 보따리를 챙겨갈 정도의 사랑은 나에게 없었다. 그녀의 사랑을 옆에서 바라볼 때면 글을 쓰는 일에 대한 자격을 떠올렸다. 그건 아무에게나 주어지는 게 아닐 거라는 생각을 했다. 글을 쓰는 건 모래사막을 열 번이나 찾아가는 열정을 가진 사람들에게 허락된 일이 아닐까. 그러니, 나에게 어울리는 건 일기장에 쓰인 짤막한 메모 정도가 아닐까.

그러다 보면 문득 초라한 내 공책이 떠올랐다. 오랜 세월 나와 함께하느라 찢어 질대로 찢어진 공책. 빗물과 바닷물에 울어 난, 못난

글씨 때문에 엉망이 된 내 공책. 그 아픈 공책이 가방 속에서 뛰쳐나와 나에게 말을 거는 것 같았다. 그 못생긴 글씨들이 나에게 소리쳤다. 자신들도 어엿한 글이 되고 싶다고. 하지만 엄중한 자격이 두려웠던 나는 그들의 말을 들은 체하지 않았다.

자이살메르를 방문한 여행자들이 한데 모인 적이 있었다. 일명 '사막 프로젝트' 때문이었다. 언제나 여행자들이 모인 곳에는 상상치도 못할 재미난 일들이 일어난다. 인도에 제 발로 찾아온 여행자들이면 더욱 그렇다. 그날도 마찬가지였다.

"전갈들이 지나다니는 사막 한가운데에, 침낭을 깔고 별을 보면서 자는 거. 재밌을 것 같지 않아요?"

누군가 무심코 던진 말에 일곱 명 정도가 비장하게 모였다. 우리는 오토바이를 한 대씩 빌렸다. 그리고 비포장도로를 두 시간 정도 달려 기어코 모래사막에 닿았다. 그때부터가 고비의 시작이었다. 중간중간마다 모래에 바퀴가 빠지기도 했고, 한 명은 엎어져서 피가 나기도 했다. 그렇게 없는 길을 만들면서까지 무작정 사막의 중심부 방향으로 달렸다.

목적지에 도착했을 때 해는 이미 저물고 있었다. 사막의 밤은 숨통을 조여올 정도로 깜깜했다. 한 치 앞도 보이지 않는 어둠 속에서 우리는 휴대폰 플래시에 의지해 마른 나무를 모았다. 그리고 모닥불을 피웠다.

불그스름한 빛 앞에 일곱 명이 둥그렇게 모였다. 우리는 오토바이에서 엎어질 때도 목숨처럼 사수했던 아이스박스를 드디어 불 앞에 꺼냈다. 그 안에는 얼음 두 봉지와 보드카 세 병, 그리고 인도 맥주 킹피셔 열 병이 들어있었다. 모두가 이 순간만을 기다렸다는 듯이 맥주를 '펑'하고 시원하게 깠다. 그리고 건배를 외쳤다.

분위기는 점점 달아올랐다. 심지어 보드카를 두 병째 깔 때부터 누군가는 술에 취해 모래 위에 뻗어버리기도 했다. 사막의 밤이 무르익어가고 있었다. 우리는 알딸딸한 분위기 속에서 저마다의 여행을 이야기하기 시작했다. 한 커플은 신혼여행으로 세계 일주를 하고 있었고, 한 명은 영상을 만들기 위해 여행을 하고 있었다. 또 누군가는 회사에서 도망쳐 나왔다고 고백하며 눈물을 흘렸다. 반대로 다른 누군가는 짧은 휴가가 지나가고 있다는 사실에 아쉬워 눈물을 글썽거렸다.

그리고 그녀가 입을 열었다.

"다들 여행을 할 때 가장 중요하게 생각하는 게 뭐야?"

처음 듣는 질문이었다. 모두가 술기운에 정신을 차리지 못하는 가운데 그녀가 말했다.

"나한테 가장 중요한 건 사랑이야."

'사랑'이라니, 사랑 때문에 여행을 한다니. 그건 정말 추상적이면서도 손에 잡히지 않는 표현이었다. 하지만 그녀의 여정을 짤막하게 지켜 봐온 나는 알고 있었다. 그녀의 여행을 표현하는 데에 '사랑'보다 직관적인 단어는 없었다.

"내가 하는 여행의 주제는 사랑이야. '사랑을 최대한 많이 주고, 또 많이 받자.'가 내 삶의 모토거든. 나는 사랑을 가장 숭고한 가치로 생각해. 그래서 언제나 사랑을 느낄 수 있는 곳으로 여행을 떠나. 내가 쓴 책을 읽어봐도 알 수 있을 거야. 책을 관통하는 주제도 사랑이지."

사막 마을에서 그녀를 기다리던 아이들이 생각났다. 그리고 볼펜과 공책 과자가 한가득 들어있던 보따리도. 한 번도 아니라 열 번이나 그 먼 마을에 낙타를 타고 찾아간 그녀의 사랑을 떠올렸다. 비로소 그녀에게 주어진 건 어떠한 명예나 자격이 아니었다는 사실을 알았다. 그녀의 여행을 빛내는 것은 그저 '사랑'이었다. 글을 쓰는 데 필요한 것은 무거운 자격과 특별한 사건 사고가 아니었다. 여행을 바라보는 자신만의 고유한 관점이 책을 만들어 내는 것이었다.

그녀는 자신의 사랑을 여행이라는 카테고리로 글에 풀어내는 사람이었다. 그렇다면 나는 어떠한 가치를 가장 숭고하게 생각할 수 있을까. 순간, 작은 가방에 무겁게도 자리를 차지해 온 낡은 공책이 떠올랐다. 한쪽 가슴이 쑤시면서도 아려왔다. 그 위로 빼곡히 적어온 문장들이 모닥불 위로 아른거렸다. 이제야 나의 여정이 거대한 불길에 타들어 가기 시작했다.

그동안 참 많은 일이 있었다. 깊은 바닷속에서 돌고래를 만났던 일, 북한 사람으로 오해를 받아 입국을 거절당했던 일, 오랫동안 좋아했던 사람을 한국으로 보냈던 일, 출국을 거절당하고 곧장 한국으로 돌아가기를 강요받았던 일, 낯선 국가로 향하는 게이트 앞에서 숨을 참고 눈물을 흘렸던 일, 밤새 은하수를 기다리다가 아쉽게도 잠들었던 날들. 그 모든 것들은 곧장 연기가 되어 하늘 위로 날아갔다. 하지만 땅에 시커멓게 재를 남기는 것들이 있었다. 나만의 색깔을 간절히 바라던 나날들이었다.

모두 거나하게 취해 노래를 한 곡씩 부르고 있었고, 또 누군가는 춤을 추고 있었다. 그 사이에서 멍하니 불길을 올려다보던 나에게 누군가 말을 걸었다.

"너는 왜 여행을 떠나온 거야?"

그동안 만나온 무수한 여행자들에게 내가 물었던 질문이었다. 누군가는 퇴사를 하고 자유롭게 살아보고 싶어 여행을 떠나왔다고 했다. 어릴 적부터 습관적으로 여행을 즐겨온 사람도 있었다. 하지만 같은 질문이 돌아올 때면 나는 그저 어깨를 으쓱하기만 했다. 나는 왜 여행을 떠나왔던 걸까. 그 종잡을 수 없었던 질문에 이제야 대답을 한다.

"꿈이 없어서 떠나온 여행이었어요. 그리고 이제는 꿈을 위해서 여행을 해요."

"그 꿈이라는 게 뭔데?"

영혼에는 각자의 모양이 있다. 인생이란 자신의 모양을 더듬어가는 과정이다. 그 과정 속에는 꿈이 있다. 여행이 있다. 그리고 방황도 있다. 뒤를 돌아보니 시작점이 보이지 않는 길이 이어지고 있었다. 그 길 위에는 바다가 있었다. 사막이 있었다. 그리고 낡은 일기장이 있었다. 나는 이제야 내가 발을 딛고 서 있는 이곳, 나의 길 위를 바라보기 시작했다.

"글을 쓰고 싶어요. 나의 고유한 시선을 담은 글."

Chapter 05

그림을 그리다

: 네팔

01
히말라야는 보고 싶어 하는 사람에게만 보인다

뿌연 스모그가 온 마을을 잠식하고 있었다. 하늘은 침침했다. 호수 위로는 안개가 부유했고, 거리를 가득 메운 오토바이들 사이로 자욱한 매연이 일었다. 히말라야의 산맥으로 둘러싸인 포카라는 속이 뻥 뚫리는 설산을 자랑하는 곳이라 들었다. 하지만 소문과 달리 뿌연 하늘 속에 설산은 코빼기도 보이지 않았다. 게다가 여행 막바지에 찾아온 물갈이가 나의 시야를 더 뿌옇게 만들었다. 설산이고 뭐고, 내 얼굴이 하얗게 질려버릴 것만 같았다.

며칠 동안은 그 침침한 동네를 그저 서성이기만 했다. 배가 아플 땐 숙소에서 끙끙 앓으며 별 효과도 없는 알약들을 입에 털어 넣었다. 복통과 안개가 걷힐 때는 침대에서 기어 나와 하늘을 바라보았다. 히말라야를 찾으며 이리저리 연신 고개를 불쑥거렸지만, 하늘은 여전히 뿌옜다. 나흘째 되던 날에는 전략을 바꿨다. 차라리 설산이 보이

는 곳까지 높이 올라가기로 했다.

케이블카를 타고 십여 분 넘게 올라가면 '사랑콧'이라는 장소가 나온다. 해발 1,600m에 위치한 그곳에서는 분명 히말라야가 보일 것 같았다. 나는 꾸륵거리는 아랫배를 부여잡고 사랑콧으로 향했다. 그리고 포카라 시내가 훤히 내려다보이는 절벽 위에 있는 숙소에 짐을 풀었다. 창문이 커다란 방에 홀로 누워 창밖을 멍하니 바라보았다. 구름이 걷힐 때마다 곧장 뛰어나가서 설산을 찾아볼 작정이었다. 하지만 텁텁한 스모그들은 여전히 마을 구석구석에 흘러 다녔다. 이제는 두껍게 생긴 적운형 구름마저 나타났다. 나는 배를 부여잡으면서 하늘을 노려보았다. '그래, 어디 나랑 한번 해보자는 거지?' 나는 숙

소를 연장하고 또 연장하기를 반복했다. 설산이 보일 때까지 창문에서 눈을 떼지 않았다.

하지만 사흘이 지나도 하늘은 여전했다. 꾸륵거리는 아랫배도 마찬가지였다. 이쯤 되니 의심마저 들었다. 애초에 포카라에는 설산이 존재하지 않았던 게 아닐까? 내가 들었던 소문은 전설이나 신화에 가까운 이야기가 아니었을까? 아무리 눈을 씻고 쳐다봐도 하늘에는 아무것도 없었다. 이렇게까지 보이지 않는 산을 과연 존재한다고 말할 수나 있는 걸까. 이제는 '히말라야'라는 이름마저 거짓말처럼 느껴졌다.

야속한 구름 덩어리들을 째려보고 있자니, 배가 한 번 더 꾸륵거렸다. 이번에는 배꼽시계다. 물갈이에 특효약은 공복이라는 말을 듣고는 이틀간 아무것도 먹지 않았다.

낭떠러지를 따라 난 가장자리 길을 5분 정도 걸어가면 식당이 하나 나온다. 숙소와 비슷한 전망을 자랑하는 레스토랑이었다. 나는 포카라 시내가 발끝 아래로 내다보이는 자리에 앉아 마늘 수프를 떠먹었다. 혹여나 오늘 밤 또다시 배를 부여잡으며 눈물을 흘릴까 하여 다진 마늘마저 꼭꼭 씹어먹었다. 그때 누군가 테이블 위로 '슥-' 하고는 커다란 가방을 올렸다. 코앞에 놓인 낡고 퀴퀴한 가방을 멍하니 바라보던 나는 고개를 들었다. 이마에 빨간 점을 찍은 할아버지가 서 있었다. 그는 마치 테이블이 자신의 자리인 양, 맞은편 의자에 앉았다. 순간 그의 가족들로 보이는 대여섯 명이 테이블을 점령해버렸다. 얼떨결에 모르는 네팔 가족과 겸상을 하고 있었다. 하지만 그들은 나를 마치 유령처럼 없는 사람 취급을 했다.

그 거대한 가방은 점점 내 쪽으로 다가오더니 기어코 마늘 수프를 테이블 끝자락으로 미뤄냈다. 이마에 빨간 점을 찍은 할아버지는 거만하게 고개를 치켜들고는 나를 쳐다봤다. 혼자 온 사람은 자리도 양보해야 한다. 뭐 그런 심보인 것 같았다. 자존심이 센 나는 꿋꿋이 테이블을 지켰지만, 불쌍한 내 마늘 수프는 땅바닥으로 곧장 떨어져 버릴 만큼 위태로웠다.

결국, 빈속에 심통이 잔뜩 난 나는 잘게 씹던 마늘을 퉤 하고 뱉었다. 숟가락을 꽝 내려놓고는 그들에게 소리쳤다.

"잘도 처먹어라, 이 돼지들아!"

그렇게 이틀만의 식사는 돌연 중단되었다.

나는 씩씩대며 식당을 벗어났다. 짜증이 나서 배도 고프지 않았다. 그 가방을 늙은 영감의 얼굴에 확 던져버렸어야 했는데 하는 후회도 했다. 모든 게 마음에 들지 않았다. 배는 열흘째 아프기만 했고, 포카라의 설산은 몽땅 사라져 버렸다. 게다가 갑자기 나타난 그 무례한 가족은 나를 못살게 굴기까지 했다. 나는 여전히 뿌옇기만 한 하늘을 올려다보며 생각했다.

'히말라야는 애초에 존재하지 않았던 걸지도 몰라.'

그녀가 포카라로 떠나는 나에게 쥐여준 것은 다름 아닌 책이었다. 손바닥만 한 사이즈로 작게 만들어진 『어린 왕자』. 그녀가 왜 나에게 책을 선물했던 건지, 그게 왜 하필 『어린 왕자』였던 건지는 아직도 잘 모르겠다. 덕분에 히말라야를 오를 때 나의 가방은 한결 가벼웠다. 내가 들 배낭에 든 짐이라고는 『어린 왕자』 한 권과 초콜릿이 전부였다.

인터넷도 없는 그곳에서 며칠 동안 할 일이라고는 글쓰기와 『어린 왕자』 읽기였다. 나는 매일 침낭 속에서 휴대폰 플래시에 의지해 『어린 왕자』를 읽었다.

> 하늘을 바라보라. 그리고 스스로에게 물어보라. '양이 꽃을 먹었을까, 아닐까?' 대답에 따라 완전히 다른 세상이 펼쳐질 것이다.
>
> – 생텍쥐페리 『어린 왕자』

나는 책을 덮고 화장실을 가기 위해 밖으로 나왔다. 순간 휘청하는 느낌과 함께 속이 울렁거렸다. 게다가 한 발자국씩 내디딜 때마다 숨이 가쁘게 차올랐다. 고산병이었다. 머리가 얼얼할 정도로 시린 이곳은 해발 삼천 미터가 넘는 고지대였다.

나는 뜨겁게 올라오는 콧김 사이로 하늘을 올려다보았다. 밤하늘의 별들이 또렷하게 빛나고 있었다. 문득 궁금했다. 혹시라도, 이 별들 중에 어린 왕자가 사는 별이 있다면 나는 어떤 마음을 느낄까? 그곳에 사는 장미가 아직 양에게 잡아먹히지 않았다면, 나는 당장이라도 행복해질 수 있을 것만 같았다. 비록 머리는 어지러웠고 며칠째 이어온 외로운 산행에 고단했지만, 그 모든 아픔이 위로될 것만 같았다. 오늘도 내일도 모레도 계속해서 하늘을 올려다볼 것 같았다. 별들을 헤아리면서, 어린 왕자에게 나지막한 목소리로 인사를 건넬 것 같았다.

신기했다. 실체를 알 수 없는 어린 왕자의 존재가 나에게 영향을 미치고 있던 것이었다. 어린 왕자와 장미의 존재를 믿는 순간 밤하늘은 새로운 세상으로 나를 인도했다. 그때부터 우주는 더 이상 미지의 세계가 아니었다. 사랑하는 존재가 숨을 쉬고 있는 특별한 장소가 되었다.

보름달의 샛노란 빛에 산이 반사되어 보였다. 봉우리를 이루는 굵직한 선들이 달빛 아래 그림자를 만들었다. 낮은 고도에서는 코빼기도 비추지 않던 것들이 이제야 영롱한 자태를 드러내 보였다. 설산은 언제나 그곳에서 고요히 빛나고 있었다.

히말라야는 나에게 이렇게 속삭였다.

"우리는 존재하는 동시에 존재하지 않지."

당장에는 보이지 않는 것들이 있다. 두꺼운 구름은 설산을 기대하던 마음에 생채기를 낸다. 상처받은 마음을 끌어안지 못하는 이들은 휙 뒤를 돌아버리곤 한다. 그때부터 그의 세상에 히말라야는 존재하지 않는다. 그는 영원히 포카라를 스모그가 가득 찬 뿌연 마을로 기억할 것이다. 세상의 법칙은 정말 간단하기 때문이다. 세상은 우리가

믿는 것을 그대로 현실에 보여준다.

하지만 뿌연 하늘을 뚫어지게 올려다보는 사람들이 있다. 무언가 그곳에 분명히 존재한다고 믿는 사람들이다. 그들은 끝내 구름 속 세상에 발을 내디딘다. 그제야 우리는 지난날들의 믿음이 틀리지 않았음을 두 눈으로 확인한다.

스스로의 빛을 믿지 않는 이들에게는, 타인의 빛으로만 가득 찬 세상이 펼쳐진다.

유랑의 가치를 인정하지 않는 이들에게는, 여행을 떠나지 못하는 삶이 펼쳐진다.

세상의 규칙을 맹신하는 이들에게는, 벗어날 수 없는 현실이 펼쳐진다.

정답이 존재한다고 고집하는 이들에게는, 감당할 수 없을 만큼의 오답이 펼쳐진다.

삶은 우리가 살고자 하는 세상을 보여준다.

나는 여전히 도시의 새파란 하늘 속에서, 보이지 않는 별들을 헤아리곤 한다.

02

나는 나에게로 돌아오고 있었다

길에서 만난 누군가 이렇게 말했어.

여행자들은 끊임없이 어딘가로 돌아가고 있는 거라고.

그는 여행사에서 일하던 사람이었어. 하루는 뜬금없이 그가 이런 질문을 하는 거야.

"너 여행의 정의가 뭔 줄 알아?"

"여행을 한마디로 정의할 수가 있을까? 그건 사람마다 다르지 않을까?"

"물론 사람에 따라 다르겠지. 하지만 관광업에서 정의하는 여행은 이거야."

"돌아갈 곳이 있는 여정."

머지않아 회사에 돌아갈 사람들은 자신의 아늑한 방을 그리워했어. 직장을 그만두고 홀로 떠나온 사람들도 마찬가지였지. 하지만 나

에게는 어떠한 그리움도 남아 있지 않았어. 애초에 어딘가에도 속하지 못했던 나에게 돌아갈 곳이 있긴 했던 걸까?

오늘 밤 롯지(히말라야를 오르는 등산객들이 머무는 간이 숙소)에서 만난 그는 자신을 춤추는 사람이라고 소개했어. 춤을 추며 세상을 여행하는 사람이라니, 그것보다 스스로를 더 잘 표현할 수 있는 말이 있을까. 열 시간을 꼬박 등산하고도 힘이 남아도는 건지, 우리는 술김에 댄스 배틀을 벌이기로 했어. 패자는 승자에게 네팔의 전통주를 사줘야 하는 대결이었지. 그곳에 모인 다섯 명 정도가 네팔의 전통음악에 맞춰 각자의 춤을 선보이기 시작했어.

그는 음악에 맞춰 '비보잉'을 했어. 그리고는 팔을 각지게 만들어 '

락킹'이라는 춤도 추었지. 게다가 뮤지컬 배우들처럼 표정에 힘을 주고는 춤에 무게를 싣더라고. 누가 보아도 대결의 승자는 그인 것 같았어. 하지만 문제가 될 건 없었어. 애초에 그의 춤 실력을 보고 싶어서 시작했던 대결이었으니까.

이참에 둥그렇게 모여 다 같이 그의 무대를 감상하기로 했어.

참 아름다운 몸짓이었어. 그는 누구보다 자신에게 가까운 삶을 살아가고 있던 거야. 그건 오로지 그에게만 허락된 삶의 모양이었어.

결국, 나는 술 한 병을 대접해야 했지만 괜찮았어. 나에게는 지금 이 순간을 적어 내릴 공책 한 권이 있었거든. 그날 밤은 남들보다 조금 더 늦게 잠들었어. 저리는 다리를 침대 위로 쭉 펴고는 문장 하나를 적어 내렸지.

'나는 이제껏 나에게로 돌아오고 있던 것이다'라고.

03
앞으로의 여정도 끊임없이 우리를 속여댈 거야

모든 여행은 여행이 끝나고 나서야 완전한 의미를 찾는다. 그곳을 여행하던 나는 늘 감정적이었고 직관적이었다. 눈앞에 놓인 것들에 마음을 빼앗긴 나머지 사건을 해석할 여유가 없었다. 모든 일은 우연인 것만 같았다. 슬픔은 슬픔, 고통은 고통으로 보였다. 그것이 사실 운명이었고 기쁨이었다는 것을 깨닫는 순간은 여행이 끝난 이후였다.

안나푸르나의 정상에 올라도 산행은 끝나지 않았다. 이제부터가 시작이라고 말해도 틀리지 않았다. 목표를 향해 올라온 거리, 딱 그만큼을 다시 내려가야 했다. 가이드가 저 멀리 산사태가 일어난 지역을 가리켰다. 그곳에서 여러 명이 숨을 거뒀다는 소식을 듣고 나서야, 산행을 완성하는 건 등산길이 아닌 하산길이었다는 것을 깨달았다.

안나푸르나에 올라올 때 힘겹게 찍었던 발자국들을 다시 밟았다. 그 고통스러웠던 흔적들 위에 새로운 발자국이 새겨지고 있었다. '나마스떼' 인사말조차 꺼낼 수 없을 정도로 숨이 차올랐던 순간들, 근육통에 아파하며 산에 올라온 것을 후회했던 날들, 고산병에 머리를 쥐어뜯던 시간들. 그 아픔들을 되돌아보며, 고통의 온전한 의미를 헤아려본다. 하산길이 있는 이유는 올라온 만큼의 고통을 헤아리기 위함이리라.

한국으로 돌아가는 길은 여행을 떠나온 길만큼 멀었다. 구불구불한 네팔의 비포장도로를 따라 인도 국경을 넘는 데 사흘, 국경에서 델리로 향하는 데 이틀. 기차를 열네 시간이나 타고 비행기는 무려 두 번을 타야 했다. 집으로 돌아가는 일주일의 시간은 히말라야의 하산길을 닮아있었다.

나는 비좁은 릭샤에 몸을 싣고 국경을 넘어가고 있었다. 아홉 명의 몸뚱이로 꽉 차버린 릭샤, 그 안으로 40도의 열풍이 불어왔다. 비좁은 릭샤 안에서 사람들의 살결이 뒤엉혔다. 팔과 팔 사이로 서로의 땀이 미끌거렸고, 엉덩이는 습하다 못해 다 젖어버렸다.

하지만 앞으로 남은 시간은 약 세 시간이다. 그 시간 동안 마비된 몸으로 할 수 있는 일이라고는 단 한 가지다. 현실의 고통을 잊을만한 생각으로 도피하는 것이다. 비좁은 릭샤 안에서 나의 생각은 이리저리 자유하다, 지나온 여정들에 닿았다.

차가웠던 밤길을 하염없이 걸었던 날들을 돌아보다가,
파도 속에서 에메랄드 빛깔을 발견했던 날을 떠올린다.

학교를 박차고 떠나온 날을 기억하다가,
누군가의 삶에 배움이 사리 삽기를 원했던 날을 떠올린다.

별빛 한 점 보이지 않았던 밤들에 아파하다가,
조막만 한 배 위에서 별자리를 벗어났던 밤을 떠올린다.

매일 밤 나를 괴롭혔던 악몽의 정체를 고민하다가,

돌고래와 춤을 췄던 그날의 바다를 떠올린다.

꿉꿉한 이불에 숨어 여행을 미워했던 날들도 잠시,
운명처럼 만난 사막의 불꽃을 떠올린다.

지나간 일들의 의미가 새롭게 해석될 때,
앞으로의 여정도 끊임없이 나를 속여 댈 것임을 인정한다.

그러다가는 문득 지금 이 순간이 마음에 들어지는데,
그러면 천년이고 만년이고 더 살고 싶다는 생각을 한다.

나는 어느샌가 이 불편함과 고통 그리고
참을 수 없던 모든 것들을 남김없이 사랑하게 되었다.

남김없이.

에필로그

나만의 삶을 연주해가다

언제부터가 여행의 끝이라 말할 수 있을까.

집으로 돌아가기를 결심한 그 순간부터?

기념품으로 무거워진 배낭을 힘겹게 멜 때부터?

한국으로 향하는 비행기에 오를 때부터?

하지만 집으로 돌아온 그 순간까지 나의 여행은 이어지고 있었다. 오랜만에 마주한 우리 집 문 앞에 커다란 선물 하나가 대뜸 놓여있었다. 거대한 물체에 흠칫 놀란 나는 천천히 그 물건에 다가갔다. 그건 생뚱맞게도 통기타였다. 며칠 전 누군가에게 연락이 왔었다. 그는 다합에서 만났던 사람 중 한 명이었다. 그가 다짜고짜 집 주소를 묻길래 해외에서 편지를 보내려는 줄 알았다. 이렇게나 커다란 통기

LIFE IS A JOURNEY
NOT A
DESTINATION

타를 보냈을 줄이야.

나는 타국의 냄새가 쿰쿰하게 쌓인 배낭을 들춰보기도 전에 기타를 집어 들었다. 그리고 굳은살이 사라져 이제는 뽀얘진 손끝으로 기타 줄을 잡았다. 참 오랜만에 느끼는 감촉이었다.

C 코드, D 코드….

나는 아픈 손끝을 꾹꾹 눌러가며 소리를 냈다. 고르게 울려 퍼지는 진동 속에서 누군가의 체취가 느껴졌다. 그는 어떤 생각으로 우리 집에 기타를 보낸 것일까. 나에게 어떠한 삶의 모양을 말해주고 싶던 것일까.

한동안 잊고 지냈던 노래를 연주하기 시작했다. 바다 앞에서 매일 불렀던 그 노래를.

코드의 이름들은 잊어버린 지 오래였다. 하지만 손가락은 그 복잡한 코드의 모양들을 하나하나 기억하고 있었다. 손끝의 감각들은 사라지지 않고 내 안 깊숙이 남아 있던 것이었다. 나는 익숙한 그 소리에 귀를 기울이며 노래 가사를 읊었다.

> 날아가는 새들, 길을 묻는 사람들.
>
> 모든 것이 아직 잠들지 않았네.
>
> 어둠 속에 묻혀 있던, 빛나던 이 땅 모두가
>
> 꿈같은 세계로 빛을 내고 있구나.
>
> – 「백야」 짙은

노래와 함께 나의 여행도 비로소 끝이 났다. 이제 나에게는 과거의 의미와 흩어질 기억만 남아 있다. 익숙해진 공항의 냄새에도 살 끝이 떨리는 날이 언젠가 다시 오겠지. 그때쯤이면 이름처럼 사사로운 모든 것을 잊어버렸을 것이다.

모닝 빵을 사러 가던 그 동네의 좁은 길도,
아이들의 손바닥과 내 손바닥이 겹쳐지던 느낌도,
매일 아침 창문을 두드렸던 새하얀 고양이도,
깊은 곳에서 들려오던 먹먹한 바다의 소리도,
히말라야의 차갑고도 외로운 밤도,
비가 오는 사막의 짓궂은 색깔도…
하지만 가슴 깊숙이 서려 있는 감각들은
언제까지나 이 안에 남아 나만의 인생을 연주해갈 것이다.